연약지반(soft ground)이란 전단강도가 작아 상부에 건설되는 구조물을 지지할 수 없거나, 또는 상부 구조물의 축조로 인해 매우 큰 변형이 발생하는 지반을 말한다. 따라서 포화된 연약한 점성토 지반, 느슨한 상태의 사질토 지반, 유기질 성분이 다량 함유된 지반 등이 해당된다.

건설현장 실무자를 위한
연약지반 기본이론 및 실무

박태영, 정종홍, 김홍종, 이봉직, 백승철, 김낙영 저

도 서 출 판
CIR 씨·아이·알

머리말

우리나라는 급격한 경제성장을 통해 세계 10대 경제대국의 위업을 달성하였습니다. 하지만 협소한 국토면적과 3면이 바다로 둘러싸인 지리적 여건으로 국토 균형발전과 사회기반시설 확충에 많은 어려움을 겪고 있으며 신항만, 신공항 건설 시 대규모 매립사업과 연계 도로, 철도 건설 등으로 연약지반에서의 공사는 필수불가결한 요소로 꾸준히 증가하고 있습니다.

연약지반에서의 건설공사는 정밀한 지반조사, 설계를 바탕으로 시공 시 지반 파괴 방지 및 공기 준수를 위해 면밀한 현장 계측을 통한 지속적인 지반의 안정성 검토를 실시하고 이를 반영한 즉각적인 대책공법 수립 등 끊임없는 피드백이 필요합니다. 그리고 건설 후 공용 시에는 장기간에 걸쳐 발생하는 지반 침하로 인한 구조물의 변위 발생, 평탄성 불량 등 다양한 공학적 문제가 발생함에 따라 이에 대한 중장기적 연구와 기술적 검토가 필요합니다.

따라서 시공 지침 및 사례, 실무 노하우 등을 조사하여 처음 접하는 기술자도 이해하기 쉽도록 정리하였습니다. 부족하나마 연약지반을 담당하는 현장 기술자에게 널리 사용되기를 희망합니다. 연약지반의 거동을 정확히 예측하는 것은 현재의 기술로는 거의 불가능하기에 미약하지만 연약지반 공사의 가이드라인 및 참고자료 정도로 활용해 주시면 감사하겠습니다.

2013년 3월
저자 일동

목 차

chapter 01

개 요

본 교재는 현장 기술자들이 연약지반의 기초적인 이해와 실무 사례에 대한 분석을 통해 연약지반 현장 기술자가 현장 실무에서 합리적인 대책을 수립할 수 있는 기본적인 지식을 공유하고자 기술하였고 다음과 같은 목표를 가지고 기술되었다.

- 연약지반의 특성과 점성토의 공학적 성질을 이해
- 연약지반 상의 도로건설에서 주요한 공학적 문제 파악
- 지반개량의 원리와 여러 가지 개량공법 및 개량 설계를 이해
- 시공관리(품질관리, 계측관리 포함) 기법을 이해
- 설계, 시공, 유지관리 전반의 흐름과 절차를 파악해 실무에 적용

따라서 가급적 복잡한 이론이나 원론적인 설명을 배제하고 실무에서 자주 발생하는 문제점과 해결방안을 중심으로 연약지반 상의 성토시공에 있어 반

드시 확인하고 고려해야 할 기본적인 사항과 관리기법 등에 대해 설명하고자 하였다. 본 교재는 크게 연약지반의 특성, 지반개량의 원리와 공법, 설계 및 성토시공, 계측 빛 성토안정관리에 관한 사항과 유지관리상의 유의사항, 연약지반 시공 중 전단파괴 사례 등으로 되어 있다. 특히 이 교재는 연약한 점성토 지반 상에 도로성토를 하거나 구조물을 시공하는 도로 건설을 중심으로 기술되어 있다.

연약지반은 점성토 지반과 느슨한 사질토 지반으로 구분할 수 있으며 도로 건설 및 유지관리와 관련해서 일반적으로 일컬어지는 연약지반은 실트와 점토로 구성된 '점성토층'을 지칭한다. 연약지반 위의 성토시공에서는 성토체와 지반의 안정성 문제, 침하 문제와 이와 관련한 다양한 기술적 문제가 발생하며 이에 대한 적절한 관리와 대책은 설계 및 시공 과정에서 뿐만 아니라 공용 후 유지관리에 이르기까지 다양하고 복잡한 문제를 다루게 된다.

1.1 연약지반의 정의

연약지반(soft ground)이란 전단강도가 작아 상부에 건설되는 구조물을 지지할 수 없거나, 또는 상부 구조물의 축조로 인해 매우 큰 변형이 발생하는 지반을 말한다. 따라서 포화된 연약한 점성토 지반, 느슨한 상태의 사질토 지

표 1.1 ● 구조물의 종류에 의한 연약지반의 대략적인 판단기준(土質工學會, 1988)

구분		유기질토층	점성토층	사질토층
고속 도로	함수비(%)	100 이상	50 이상	30 이상
	일축압축강도(kgf/cm^2)	0.5 이하	0.5 이하	-
	N값	4 이하	4 이하	10 이하

반, 유기질 성분이 다량 함유된 지반 등이 해당된다. 공유수면 매립지반이나 생활 폐기물인 쓰레기 매립지반도 연약지반이라고 할 수 있다.

일반적으로는 표준관입시험으로 얻어지는 N값 기준으로 사질토의 경우는 10 이하, 점성토의 경우는 4 이하(또는 일축압축강도가 50kPa 이하)일 때에는 상부 구조물의 종류와 관계없이 연약한 지반으로 분류된다.

1.2 연약지반의 판정

〈표 1.2〉는 국내에서 일반적으로 널리 활용되는 연약지반 판단기준이다. 연약지반은 복잡한 성인과 토질구성 등으로 인해 지층구분을 명확히 하는 것이 곤란하며, 연약지반의 판정과 연약지반 처리심도를 결정할 때에는 시공될 목적물의 규모와 종류 및 중요도, 기능, 토질 특성, 지반의 지지력, 허용침하량, 압밀대상층 등을 종합적으로 고려하여 결정하여야 하며 아래의 표를 이용하더라도 각 항목 간에는 상관성이 정확히 일치하지 않으므로 당해 현장의 지반의 조건으로부터 재평가하는 등의 융통성 있는 적용이 절실히 요구된다.

표 1.2 ◦ 일반적인 연약지반 판단기준(도로설계요령, 1992)

구 분	연약층두께(m)	N값	q_c(kg/cm²)	q_u(kg/cm²)
점성토 및 유기질토	D<10	4 이하	8 이하	0.6 이하
	D≥10	6 이하	12 이하	1.0 이하
사질토	-	10 이하		

1.3 연약지반의 특징

    연약지반의 일반적인 특징은 전단강도가 낮고, 압축성이 크다는 것이다. 연약한 점성토층의 경우, 흙 입자 사이의 간극이 크고 이곳에 많은 양의 물을 포함하고 있어 자연함수비가 매우 높으며, 세립분의 함량이 많아 소성성(plasticity)이 크다. 이에 따라 연약지반은 작은 충격에도 입자 구조가 쉽게 파괴되며, 변형되는 정도가 크다. 연약지반에서의 침하는 그 규모가 크고 경우에 따라 부등

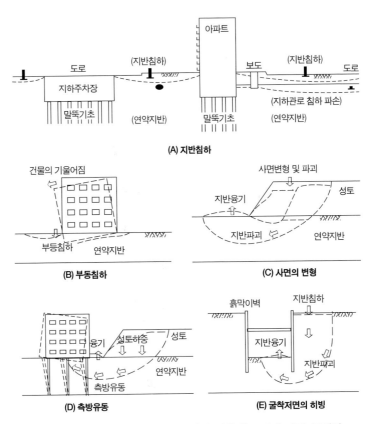

(A) 지반침하

(B) 부동침하

(C) 사면의 변형

(D) 측방유동

(E) 굴착저면의 히빙

그림 1.1 ● 연약지반상 건설공사에서 예상되는 여러 가지 문제점

침하를 일으키며 오랜 시간에 걸쳐 일어나는 것이 보통이다. 가장 문제가 되는 것은 흙의 낮은 강도로 인해 발생하는 지반의 안정 문제이다. 성토고가 높아지면서 지중 응력이 증가하는데, 성토 하중에 의한 활동력이 지반의 전단 저항력을 초과하면 파괴가 발생한다. 이러한 파괴는 보통, 원호 형상의 활동면을 따라 발생하며 과도한 횡방향 변위를 동반하므로 해당 구조물은 물론이고, 인접한 구조물의 안정성을 크게 저하시킨다. 연약지반에 다양한 형태의 구조물을 건설하는 경우, 〈그림 1.1〉과 같이 여러 가지의 변형과 안정상의 문제를 예상할 수 있다. 이 외에도 느슨한 사질토 지반에서의 액상화 문제, 측방유동 문제, 침하를 동반하는 지반에서의 부마찰력 문제 등도 흔히 발생할 수 있는 문제점이 되겠다. 특히 변형의 문제에 있어서는 건설 중에는 물론 준공 후에도 잔류침하 및 부등침하와 이에 수반되는 인접 구조물의 변형과 기능 저하 등이 중요한 관심사가 되겠다.

1.4 연약지반 위의 성토 시공

성토 시공은 오랜 과거부터 토목 기술자들이 사용해온 토공 방법으로서, 다양한 형태로 이와 관련한 설계 및 시공 기술이 발전해왔다. 연약한 지반에 성토 시공을 하는 경우에는 장기간 압밀에 의한 다량의 침하와 함께 전단 변형의 결과로 많은 지중 횡방향 변위가 발생하게 되며, 심할 경우 지반의 전단 파괴로 인해 상부구조물이 붕괴되는 사례가 빈발하고 있다(〈그림 1.2〉 참조).

이에 따라 실제 시공 시에는 지반 파괴 및 과다 변형을 억제하고, 안정적이고 신속한 시공을 도모하기 위해 다양한 종류의 지반개량공법을 적용하고 있다. 〈그림 1.3〉과 같이 우리나라에서는 지중에 모래 또는 인공재료를 이용하여 연직 방향의 배수 통로를 형성하여 지반의 압밀을 촉진하는 연직배수공법

그림 1.2 ● 연약지반 구간에서 성토로 인한 전단활동파괴 사례

(vertical drain method)을 보편적으로 사용하고 있다. 또한 간극수의 원활한 배출과 지반 보강을 위하여 성토체 하단에 수평배수층과 섬유 보강재(geotextile)를 포설하는 경우가 많으며, 성토 시공시에는 하부 지반의 급격한 전단 변형을 방지하기 위하여 임의 높이마다 성토와 존치를 반복하는 단계성토를 통해 완속 재하한다.

〈그림 1.4〉는 도로성토에서 기초 지반 상태에 따른 성토 시공시 지반 변형 양상을 개략적으로 나타낸 것이다.

연약지반상의 도로성토에서 가장 중요한 사항은 계획된 높이까지 성토를 안정하게 시공하고 시공도중 및 시공 후 성토체가 과도한 변형을 일으키거나 파괴되지 않으며 잔류침하량을 최대한 억제하고 구조물 및 포장체에 유해한 잔류변형 등이 없도록 하는 것이다. 따라서 연약지반 설계는 상기의 목표를 달성하기 위해 기 실시된 지반조사자료 등을 바탕으로 현장여건에 적절한 연약지반 처리대책 또는 처리공법의 선정과 설계, 단계 성토 계획의 수립 등이

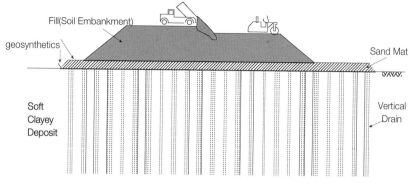

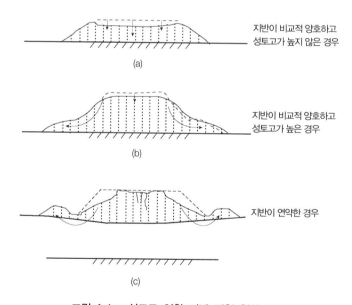

그림 1.3 ● 일반적인 연약지반상 성토 시공 형태

Fill(Soil Embankment)
geosynthetics
Soft Clayey Deposit
Sand Mat
Vertical Drain

(a)
지반이 비교적 양호하고 성토고가 높지 않은 경우

(b)
지반이 비교적 양호하고 성토고가 높은 경우

(c)
지반이 연약한 경우

그림 1.4 ● 성토로 인한 지반 변형 형상

그 핵심적인 내용이다. 특히, 연약지반에서는 이론적 한계와 한정된 지반조사 등으로 인하여 설계 당시 예측된 지반의 거동과 실제 결과가 많은 차이를 보이는 경우가 대부분이며, 이를 극복하기 위하여 시공 도중 지반의 거동을 관측할 수 있는 현장 계측이 매우 중요하고 연약지반 현장의 계측관리는 안전하고 경제적인 시공을 위한 필수조건으로 반드시 시공관리와 연관되어 진행되어야 한다.

1.5 연약지반의 분포

한반도의 동부에서 남북으로 위치한 태백산맥과 남서부의 소백산맥 및 차령산맥으로부터 시작된 수계는 서해안과 남해안으로 큰 하천을 이루고 있다. 연안과 하구를 중심으로 내륙지방에도 비교적 규모가 큰 연약지반이 형성되어 있다. 군산 부근의 점토층은 금강과 만경강의 하구를 중심으로 익산까지 미치고 있고, 김해 부근의 점토층은 낙동강 하구에서 부산, 김해, 마산 일대를 덮고 있다. 하구나 하천의 하류부에 분포하는 연약지반은 제4기의 지질연대에 홍수의 범람으로 형성되었을 가능성이 높다. 점토층이 해수 중에서 퇴적하고, 그 이후에 육지의 확장으로 형성되거나, 지각 변동에 의해 형성될 수도 있다. 충적토(沖積土)는 여러 환경 조건에 의존하므로 지층 구성은 위치에 따라 달라진다. 이렇게 우리나라 연약지반은 성인과 지역에 따라 내륙의 충적 점토 지반과 해안 부근의 해성점토 지반이 주로 이루며, 신공항, 신항만 사업 및 용지 확보를 위한 대규모 매립 또는 간척 사업에 의해 새로운 연약지반들이 생겨나고 있다. 점성토층의 두께는 지역에 따라 8~70m로 다양한데, 남동해안 인접 지역이 가장 두꺼우며, 대체로 남서해안을 따라 중부 서해안 쪽으로 갈수록 그 두께가 작아진다. 점토층의 아래, 위에는 실트층, 모래층 또는 모래-자갈층이 분포하는 경우가 많으며, 점토층 사이에 0.5~4m 정도 두께의 모래층이나 실트층이 끼어 있기도 한다. 일부 지역에서는 점토층 사이에 얇은 모래층

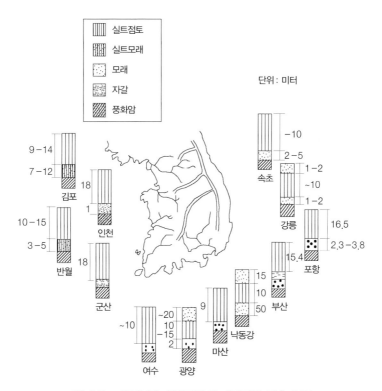

그림 1.5 • 우리나라 연약지반의 개략적인 지층 분포

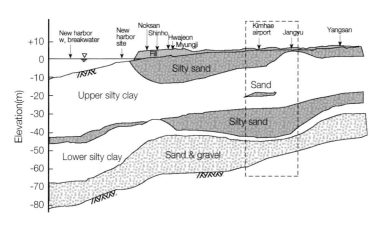

그림 1.6 • 낙동강 하구 연약지반의 대표적인 지층구성

표 1.3 ● 지역별 대표적인 지반정수

구분 위치	w_n(%) 자연함수비	w(%) 함수비	PI(%) 소성지수	e 간극비	통일 분류
부산항	58~84	58~64	10~58	0.76~2.85	CH,OH
마산항	42~78	31~52	11~25	1.36~1.82	CL
마산 귀곡리	101~148	107~130	58~82	2.81~3.48	CH,OH
여수	84~111	74~97	31~65	2.47~2.99	CH,OH
속초항	83~155	62~145	29~95	2.88~3.89	CH,OH
낙동강 하구	27~55	32~53	19~27	0.75~1.45	CL
반월	24.1~57.1	27.2~45.2	11.0~25.7	1.28~1.84	CL
광양	18.0~92.2	22.3~87.8	8.6~63.6	0.58~3.02	CH
영산강 하구	47.1~68.7	32.4~55.6	16.6~2.23	1.45~2.23	CH,OH
명주	64~226	144~150	3.8~5.04	3.8~5.04	OH,CH

(sand seam)이 불규칙하게 산재하기도 하며, 다량의 실트가 혼재하는 경우도 많다. 이러한 지층 구조를 가진 지반은 평균적인 투수계수가 커지게 되므로, 재하시 별다른 지반 처리 없이도 비교적 빠른 속도로 압밀이 발생한다. 지역별로 자세히 살펴보면, 동해안 연안은 지표 부근에 매우 연약한 실트질 점토층이 존재하며, 이 층 아래에 모래층, 또는 모래 섞인 자갈층이 함께 분포한다. 강릉 및 속초 지방의 실트질 점토층은 유기질을 많이 함유하고 있으며 액성한계와 함수비가 대단히 높다. 연약층의 두께는 강릉과 속초지역은 10m 내외이다.

서해안은 조수간만의 차가 심한 김포, 반월, 인천, 아산 등에서는 실트질 모래, 또는 모래질 실트가 풍화암 바로 위에 퇴적되어 있는 곳이 많고, 그 위에 실트질 점토층이 분포한다. 이 두 층을 합한 두께는 30m까지 이르나, 지층의 경계가 명확하지 않은 경우가 많고, 입자가 큰 실트 함량이 높다. 군산, 목포 등 서해안 남부는 조수간만의 차가 작아 점성토층의 강도가 작고 압축성이 크

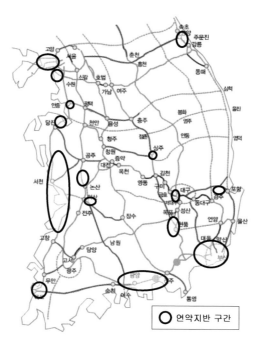

그림 1.7 ● 대표적인 연약지반 구간

며, 두께는 25m에 이른다. 남해안 연안의 경우 자갈 및 전석층이 풍화암층 위에 놓이고, 그 위에 점성토층이 퇴적되어 있다. 이러한 지층 구조는 순천에서 여수, 남해, 마산, 부산에 이르기까지 유사하게 나타난다. 특히 낙동강 하구와 섬진강 하구(광양만)는 우리나라의 대표적인 연약지반 분포지대로서, 퇴적층의 두께가 70m가 넘는 지역도 있다. 점토층의 위, 아래에는 모래층이 존재하는 경우가 일반적이다.

고속도로의 경우, 낙동강 하구 지역의 남해고속도로, 남해2지선, 중앙선 및 중앙선 지선과 영남 일대의 경부고속도로와 확장 노선, 서해안고속도로, 신공항고속도로, 천안-논산간 고속도로 등이 연약지반 구간을 경유하여 건설되었다. 서해안고속도로 건설 현장에서 나타나는 연약지반은 대부분 실트질 점성토층으로 이루어져 있으며, 그 두께는 5~25m 정도이고 함수비는 30~50% 가량이다. 이에 비하여 남해고속도로가 건설된 남해안 일대와 낙동강 연안 지역은 점성토층의 두께가 최대 60m에 이르며, 함수비도 50~70%에 이른다. 고속도로 약 200km 구간이 이러한 연약지반 지역을 경유하여 건설되었다.

chapter **02**
지반조사

2.1 개요

지반공학적 설계와 시공의 품질은 무엇보다 지반조사 성과의 신뢰성에 좌우된다. 부적절한 지반조사는 예산의 낭비 외에도 건설공사의 부실을 초래하여 각종 사고와 재해의 원인이 되기도 한다. 따라서 경제적이고 신속한 방법으로 신뢰성 있는 지반특성의 평가가 매우 중요하다.

2.2 지반정수의 평가

건설공사에 요구되는 지반의 특성은 대상지반과 구조물 및 평가목적에 따라 매우 다양하다. 통상적으로 지반조사의 목적은 지층을 구분하고 흙의 종류를 알아내며 각 지층에 대한 단위중량, 비중, 입도, 함수비, 아터버그 한계와 같은 물리적 특성에서부터 마찰각(friction angle)과 전단강도(shear strength)와

표 2.1 ● 연약지반 설계와 시공에 필요한 지반정수와 평가방법

항목		기호	목적	권장되는 평가방법
지층분류			지층구성, 두께 파악	시추조사+SPT 콘관입시험
상태정수	연경도		흙 분류, 상관성	애터버그 시험
	단위중량	γ	흙분류, 하중-응력 산정	실내시험
	자연함수비	w_n	흙분류, 상관성	실내(현장) 시험
	초기 간극비	e_o	압밀해석	체적-중량 관계 비중-함수비 관계
압밀정수	압축지수	Cc	침하량 산정	(표준)압밀시험
	선행압밀하중	σ'_p	압밀 해석	(표준)압밀시험
	압밀계수	c_v, c_h	압밀 속도 산정	압밀시험 간극수압 소산시험
	투수계수	k_v, k_h	압밀 속도 산정	압밀시험, 투수시험
강도정수	비배수전강도	s_u	안정해석	삼축압축시험 베인시험, 콘관입시험
	강도증가율	s_h/σ'_v	강도증진 산정	삼축압축시험, 경험식

같은 강도특성, (전단)탄성계수와 압밀 지진과 진동에 의한 지반거동의 평가에 필요한 미소변형 문제를 포함하는 변형특성, 지하수위와 투수계수, 압밀특성과 같은 흐름특성 등을 알아내는 것이다.

2.3 지반조사의 방법

지반물성을 평가 하는 방법은 여러 가지가 있지만, 크게 불교란시료를 이용한 실내실험(laboratory tests)과 원위치 현장시험(In-situ tests)으로 나눌 수 있다. 실내실험에 의한 지반특성의 평가는 응력조건을 포함한 여러 가지 현장

표 2.2 ▪ 지반조사 방법의 특징

Logging methods	Specific test methods
• 깊이에 따른 거의 연속적인 자료 • 신속하고 경제적 • 통상 관입형태의 시험 • 프로파일을 구하는 데 사용 • 경험적 관계로부터 추정	• 측점에서의 물성 평가 • 특정 매개변수를 구하는 시험 • 시간과 비용이 많이 소요됨 • 특정지점에 적용 • 해석 목적에 부합하는 물성 평가
◦ CPT(CPTu)	◦ 시료채취 및 실내시험 ◦ SPT, FVT, PMT 등

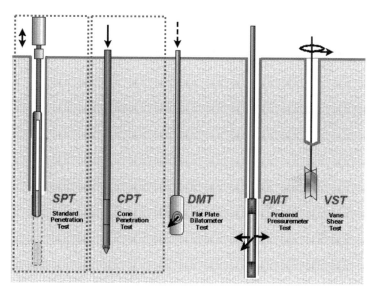

그림 2.1 ▪ 대표적인 원위치 시험법

조건을 다양하게 재현하여 매우 정확한 결과를 얻을 수 있지만 시료의 교란문제, 응력조건의 변화, 비용과 시간이 많이 소요되는 단점이 있다. 이에 비해 원위치 시험은 시료의 교란 없이 신뢰성 있는 결과를 얻을 수 있으며 신속하고 경제적이라는 장점이 있다. 따라서, 이들은 상호 보완적인 관계에 있다고 보는 것이 합리적이다. 〈표 2.2〉는 조사방법 간의 특징을 정리한 것이다.

원위치 시험방법은 주로 관입(penetration), 팽창(inflation), 회전(rotation) 또는 그 조합으로 이루어지는 경우가 많으며 우리나라에서 가장 보편적인 원위치 지반조사 방법으로는 표준관입시험(SPT, standard penetration test), 최근 그 활용도가 높아지고 있는 현장지반조사방법인 콘관입시험(CPT, cone penetration test), 현장베인전단시험(field vane shear test) 등이 있다. 〈그림 2.1〉은 대표적인 원위치시험의 모식도이다. 최근 들어 지반조사의 중요성이 강조되면서 여러 가지 다양한 종류의 원위치 조사기법이 적용되고 있으며 특히 콘관입시험의 실무적 적용이 보편화되어 가고 있다. 〈표 2.2〉는 대표적인 원위치 조사기법별로 지반의 물성을 평가하는 데 있어 상대적 신뢰도와 적용성을 요약한 것이다.

표 2.3 ● 현장시험방법별 신뢰성 비교(Lunne et al., 1996)

	Type	Profile	u	ϕ	s_u	I_D	m_v	c_v	k	G_0	σ_h	OCR	σ-ε	Hard rock	Soft rock	Gravel	Sand	Silt	Clay	Peat
Penetrometers																				
Mech. CPT	B	A/B	-	C	C	B	C	-	-	C	C	C	-	-	C	C	A	A	A	A
Elec. CPT	B	A	-	C	B	A/B	C	-	-	B	B/C	B	-	-	C	C	A	A	A	A
CPTU	A	A	A	B	B	A/B	B	A/B	B	B	B/C	B	C	-	C	-	A	A	A	A
SCPT(U)	A	A	A	B	A/B	A/B	B	A/B	B	A	B	B	B	-	C	-	A	A	A	A
DMT	B	A	C	B	B	C	B	-	-	B	B	B	C	C	C	-	A	A	A	A
SPT	A	B	-	C	C	B	-	-	-	C	-	C	-	-	C	B	A	A	A	A
DCPT	C	B	-	C	C	C	-	-	-	C	-	C	-	-	C	B	A	B	B	B
Pressuremeters																				
PBP	B	B	-	C	B	C	B	C	-	B	C	C	C	A	A	B	B	B	A	B
SBP	B	B	A	B	B	B	B	A	B	A	A/B	B	A/B	-	B	-	B	B	A	B
FDP	B	B	-	C	B	C	C	C	-	A	C	C	C	-	C	-	B	B	A	A
Others																				
FVT	B	C	-	-	A	-	-	-	-	-	-	B/C	B	-	-	-	-	-	A	B
PLT	C	-	-	C	B	B	B	C	C	A	C	B	B	B	A	B	B	A	A	A

2.4 콘관입시험

콘관입시험은 20세기 초에 스웨덴 철도청(Swedish State Railways, 1917)과 덴마크 철도청(Danish Railways, 1927)에서 관입체를 지반에 관입시켜 그 저항을 통하여 지층을 파악하고자 시도에서 출발하였다. 이후 1934년 네덜란드에서 현재의 콘관입시험과 유사한 시험방법이 소개되었으며(더치콘, dutchcone), 마찰 맨틀콘(Begemann, 1953)으로 수정되었고, 1948년에 최초로 콘 내부에 로드셀을 장착한 전기식콘(electric cone)이 개발되어 관입저항과 주면마찰을 깊이에 따라 연속적으로 측정할 수 있게 되었다. 전자식 측정기술이 발전하면서 트랜스듀서와 다공질 필터를 콘에 설치하여 원추저항과 마찰저항은 물론 간극수압을 측정할 수 있는 전자식 피에조콘이 등장하면서 비약적인 발전을 하게 되어 현재 전 세계적으로 가장 널리 사용되는 보편적인 현장시험법으로 되었다.

콘관입시험은 원추형의 콘을 2±0.5cm/sec의 속도로 지중에 압입하면서

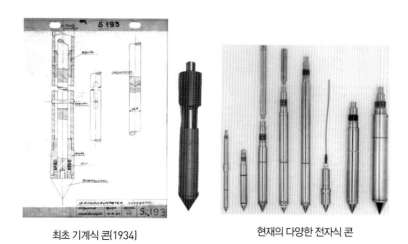

최초 기계식 콘(1934)   현재의 다양한 전자식 콘

그림 2.2 ● 콘관입시험의 발전

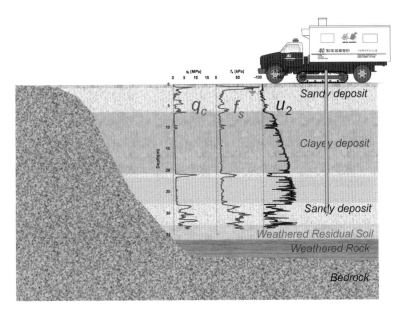

그림 2.3 ● 콘관입시험 모식도

그림 2.4 ● 트럭 장착형 콘관입시험 시스템

깊이별로 콘저항력(q_c)과 마찰저항력(fs), 간극수압(u)을 연속적으로 측정하여 흙 분류, 강도, 응력이력 등 지반의 공학적 특성을 알아내는 원위치 시험이다. 이 중에서 특히 다공필터(porous filter)를 이용하여 간극수압을 측정할 수 있는 콘을 피에조콘(piezocone)이라고 하며 간극수압의 변화로부터 연약지반의 압밀속도 측정에 영향을 미치는 연약지반 내의 얇은 모래층을 검출할 수 있고, 간극수압 소산시험 등으로 연약지반의 압밀계수 측정에 이용될 수 있다. 현재 콘관입시험에는 단면적 10cm², 선단각 60°의 형상을 가지는 콘과 콘 상부에 위치하며 마찰저항을 측정하는 단면적 150cm²의 슬리브를 가지는 형식의 '전자식 피에조콘(electronic piezocone)'이 널리 이용된다. 원위치 시험으로서 콘관입시험의 장점은 신뢰성이 높고 신속하고 경제적이며, 연속적인 조사가 가능하여 지층구성에 대한 매우 상세한 정보를 획득할 수 있다. 또 경험식에 따라 다양한 지반정수를 추정할 수 있으며 지반공학적 설계와 지반개량 확인 등 품질관리에도 활용이 가능하다는 것이다.

2.4.1 콘관입시험의 구성

〈그림 2.5〉는 전자식 피에조콘의 상세 구성과 내부모습을 나타낸 것 이다. 피에조콘의 다공필터의 위치는 그림에서와 같이 그 위치에 따라 u_1, u_2, u_3로 구분하며 측정되는 간극수압의 크기와 형태는 위치에 따라 다르다. 다공필터의 위치에 통상적으로 콘 바로 위의 u_2 위치가 권장된다.

콘관입시험에서 측정되는 값은 콘저항(q_c), 마찰저항(fs), 간극수압(u_2)이다. 데이터의 표시는 이들과 함께 유도변수를 부가정보를 함께 표시한다. 콘저항력(q_c, cone resistance)은 콘의 선단에 작용하는 지반의 반력으로서, 피에조콘의 경우는 부등단면적효과(unequal area effect)보정하여 활용한다. 주면마찰력(fs, sleeve friction)은 콘의 상부에 연결된 원통형 슬리브 표면(단

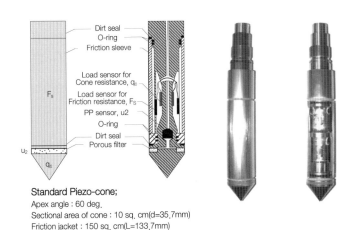

Standard Piezo-cone;
Apex angle : 60 deg.
Sectional area of cone : 10 sq. cm(d=35.7mm)
Friction jacket : 150 sq. cm(L=133.7mm)

그림 2.5 ● 전자식 피에조콘의 상세도와 내부모습

표 2.4 ● 콘관입시험에서 얻어지는 측정값

CPT 매개변수	기호	표현식	비고
측정 매개변수			
콘 저항력	q_c		
수정 콘저항력	q_t	$q_c + u_2(1-a)$	
주면 마찰력	f_s		
마찰률	R_f	f_s/q_t in %	
간극수압	u_2		
유도 매개변수			
순 콘저항력	q_n	$q_t - s_{vo}$	
정규화 콘저항력	Q_t	$(q_t - s_{vo})/s'_{vo}$	
정규화 마찰률	F_r	$R_f/(q_t - s_{vo})$	
간극수압비	B_q	$(u_2-u_0)/(q_t - s_{vo})$	
마차원 흙거동지수	I_c	$f(Q_t, F_r, B_q)$	

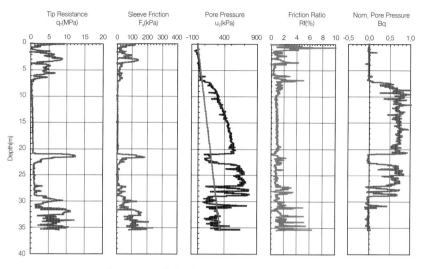

그림 2.6 ● 콘관입시험 매개변수와 결과의 도시 예

면적, 150cm^2)에서 측정한 관입 저항력이다. 피에조콘에서는 간극수압(u_2, pore-water pressure)을 이용하여 흙의 분류, 간극수압 소산시험을 통한 압밀정수나 투수특성을 평가하는 데 활용할 수 있다. 〈표 2.4〉는 콘관입시험에서 얻어지는 측정값과 공학적 활용을 위한 유도 매개변수를 나열한 것이고 〈그림 2.6〉은 대표적인 콘관입시험의 결과를 도시한 것이다.

2.4.2 콘관입시험의 해석과 활용

가. 흙분류

콘관입시험의 가장 큰 장점은 연속적인 지층 분류가 가능하다는 것이다. 관입저항력과 간극수압을 측정하여 모래층 및 점토층, 또는 이들 지층 사이에 낀 얇은 지층을 구분할 수 있다. CPT를 이용한 흙의 공학적 분류에는 주로 분류 도표가 이용된다.

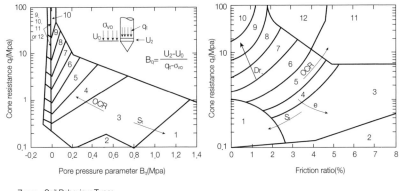

Zone:	Soil Behaviour Type:				
1.	Sensitive fine grained	5.	Clayey silt to silty clay	9.	Sand
2.	Organic material	6.	Sandy silt to clayey silt	10.	Gravelly sand to sand
3.	Clay	7.	Silty sand to sandy silt	11.	Very stiff fine grained*
4.	Silty clay to clay	8.	Sand to silty sand	12.	Sand to clayey sand*
					* Overconsolidated or cemented.

그림 2.7 • Robertson et al.(1986)의 흙 분류 도표

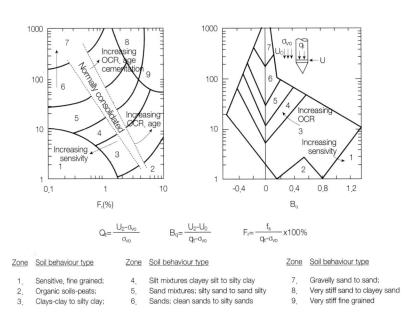

$$Q_t = \frac{U_2 - \sigma_{vo}}{\sigma_{vo}} \qquad B_q = \frac{U_2 - U_0}{q_t - \sigma_{vo}} \qquad F_r = \frac{f_s}{q_t - \sigma_{vo}} \times 100\%$$

Zone	Soil behaviour type	Zone	Soil behaviour type	Zone	Soil behaviour type
1.	Sensitive, fine grained;	4.	Silt mixtures clayey silt to silty clay	7.	Gravelly sand to sand;
2.	Organic soils-peats;	5.	Sand mixtures; silty sand to sand silty	8.	Very stiff sand to clayey sand
3.	Clays-clay to silty clay;	6.	Sands; clean sands to silty sands	9.	Very stiff fine grained

그림 2.8 • Robertson(1990)의 흙 분류 도표

나. 비배수전단강도

점성토 지반에 피에조콘이 관입될 때 비배수 상태에서 파괴가 발생하기 때문에 피에조콘 관입시험 결과는 점토의 비배수 전단강도와 밀접한 관련이 있다. 콘관입의 해석적 해는 일반적으로 지지력 개념을 도입하여 다음과 같이 설명될 수 있다.

$$q_t = N_c \ S_u + \sigma_0, \ N_c: \text{이론적 콘계수(cone factor)}, \ \sigma_0: \text{전응력}$$

그러나 점성토의 비배수전단강도는 유일한 값이 아니며 전단모드(shearing mode), 변형률(rate of shear), 파괴면의 방향(orientation of shear plane) 등에 크게 영향을 받기 때문에 이론적으로 비배수전단강도를 추정하는 데 한계가 있다. 따라서, 현장베인시험, 삼축압축시험 등과 같은 참조시험(reference tests)을 이용한 경험적 방법이 실무적으로 유용하며, 대표적으로 다음과 같은 방법이 있다.

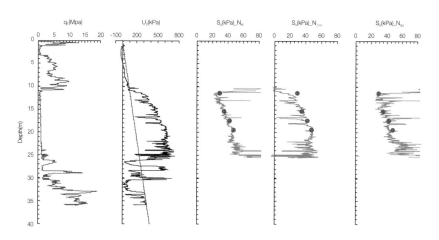

그림 2.9 ◦ 콘관입시험에 의한 비배수전단강도의 평가

○ q_c(또는 q_t)이용한 비배수전단강도(Su)

; Schmertmann, 1978, Lunne et al, 1985

$$s_u = \frac{q_c - \sigma_{v0}}{N_k}, \; s_u = \frac{q_t - \sigma_{v0}}{N_{kt}}$$

콘계수는 지역에 따라 다른 값을 가지며 같은 지역이라 하더라도 참조시험 방법, 응력상태(과압밀) 등에 따라서도 차이가 있으므로 일반화된 적용에는 주의할 필요가 있다. 상기 방법을 이용하는 경우 콘계수는 대체로 10-20의 범위에 있다.

2.5 지반조사시 유의사항

연약지반 상에 도로를 건설함에 있어 그 설계 및 시공에서 매우 상세한 검토가 필요하며 이를 위해서는 정확하고 충분한 량의 지반조사가 선행되어야 한다. 지반조사는 기본설계에서부터 실시설계조사, 시공 중 확인조사 등 지속적으로 이루어지게 되며 특히 설계를 위한 실시설계 조사는 매우 중요하다 먼저, 조사에 앞서 해당 구간의 지형도나 과거 인접구간의 공사실적을 참고하여 조사계획을 수립해야 한다. 정해진 조사 빈도에 지나치게 얽매이지 말고 의심이 나는 구간에 대해서는 추가적인 조사를 실시하는 것이 좋다. 제한된 시험 빈도로 인해 넓은 구간에 걸친 실내시험 결과를 이용하게 되어, 공간적 변동성을 충분히 반영하지 못하는 경우가 흔히 일어나므로 가급적 집중적인 조사를 실시하고 나머지 구간에서는 사운딩 시험 등을 활용하는 것이 효과적이다. 특히, 획득된 지반물성은 그 값에만 의존하지 말고 전체적인 경향과 성질을 잘 살펴 해당 구간에 적절하게 사용하는 것이 중요하다. 점성토 지역으로 확인된 구간에서 일률적으로 표준관입시험 실시하고 그 결과를 적용하는 것은 지양되어야 한다. 특히 영농, 장비 진입 문제 등으로 조사가 불가능할 경우에도 비교적 취급이 용이한 사운딩 시험 등으로 연약지반 존재 유무를 확인하는 것이 좋으며 이것이 불가능할 경우에는 반드시 설계도서에 이를 명기하여 시공 시 확인하고, 조사하도록 하는 것이 필요하다.

2.6 확인지반조사

시공 중 조사는 확인지반조사라고 하며, 하중조건 및 환경변화에 따른 지반의 공학적 특성 변화를 확인하기 위하여 시공 중에 실시하는 지반조사를 총칭한다. 확인지반조사는 크게 두 가지로 나눌 수 있다. 흔히 '확인보링'은 설계의 내용을 확인하거나 의심스러운 구간에 대해 보충적으로 실시한다. 연약지반의 유무를 판단하는데는 일차적으로 콘관입시험과 같은 사운딩 시험이 유효할 것이며 예상하지 못한 지점에서 연약층이 발견될 수 있으므로 공사 중에도 수시로 의심나는 지역에 대해서는 사운딩 등을 실시하는 것이 좋다. 설계 지반조사에서 확인되지 않은 기반의 경사와 같은 중요한 문제가 확인조사를 통해 확인되는 일이 흔하다. 한편, 포화된 점성토층으로 구성된 연약지반에서 원지반 상태에서는 지지할 수 없는 정도의 큰 성토하중을 안정적으로 지지하기 위해서는 선행재하공법이나 압밀촉진공법을 적용하고 단계적으로 성토와 존치를 반복하여 성토하중에 의한 하부지반의 압밀로 유발되는 비배수전단강도의 증가를 도모하므로 시공관리에 있어서는 이 강도증가의 여부 및 그 크기를 파악하고 다음 단계의 공정을 평가하는 것이 매우 중요한 과정이며, 이는 적절한 시험방법으로 이용한 확인지반조사를 통해 가능하다. 연약지반 단계성토 설계시 강도증가율에 해당하는 정규화 전단강도(normallized shear strength)

표 2.5 ● 확인지반조사 빈도와 시기

구간	조사시기	조사위치
토공부	성토 이전 성토 단계별 포장체 시공 이전	구간별 1개소 이상 (대표단면 활용)
구조물부	터파기 이전	교량: 교대 설치위치 기타 구조물: 중앙부

는 조사 수량과 방법의 한계, 현장 하중조건의 차이 및 설계와 다른 시공 조건 등으로 인해 그 신뢰성이 낮으므로 지반개량효과를 이와 같은 방법으로 확인 하는 것을 권장하고 있다. 특히, 계측관리를 통해 시공 중에 지반의 횡방향 변 위, 침하, 그리고 과잉간극수압의 변화 등을 이용하여 지반의 안정성을 평가 하고 있지만, 계측관리만으로 지반의 전단강도나 기타 지반정수를 실질적으 로 평가하는데 한계가 있으며 이는 오로지 적절한 지반조사 방법을 통해서만 가능하다고 볼 수 있다. 반대로, 확인지반조사만으로 연약지반의 거동양상을 분석하거나 침하량과 압밀도를 추정하는 데는 명백히 한계가 있다. 따라서, 확인지반조사와 계측관리는 상호 보완적인 차원에서 활용되어야 할 것이다. 연약지반 구간에서 지반개량과 단계성토를 통해 성토체 또는 구조물을 시공 하는 공사에서는 성토 단계별로 하부지반의 강도증가와 공학적 특성의 변화 를 파악하기 위한 확인지반조사를 실시하며, 고속도로의 경우 다음과 같은 기 준을 따르는 것이 일반적이다.

가. 단계성토에서 강도증가의 확인

단계성토에 의한 지반개량 효과를 확인하기 확인지반조사는 계측결과에 따 라 평균 압밀도가 약 70~80%에 도달하면 실시할 수 있다. 과거 도로 성토시

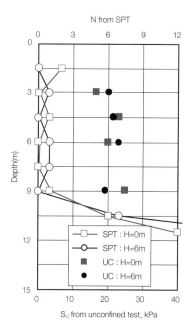

그림 2.10 ● SPT와 실내시험에 의한 강도증가의 확인

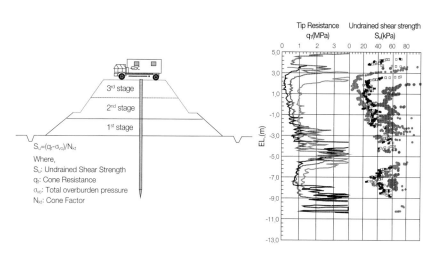

그림 2.11 ● 콘관입시험에 의한 지반강도증진의 확인

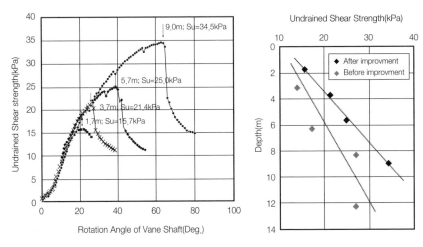

그림 2.12 ● 현장베인시험에 의한 지반강도증진의 확인

에는 연약지반 구간에서 과거 시추조사나 실내시험에 의한 방법이 이용되기
도 하였으나 시료 교란 문제와 대표성의 문제, 그리고 비용과 시간의 문제 등
으로 지금은 주로 콘관입시험이나 현장베인시험에 의한 방법이 널리 이용된
다. 서해안고속도로, 중부내륙고속도로, 인천대교 연결로, 남해고속도로 확장
공사, 목포– 광양 고속도로 등이 대표적인 예이다.

chapter 03
지반개량

3.1 개요

연약지반 개량은 목적한 구조물을 안정하게 시공하고 시공 중 충분한 침하를 발생시켜 시공 중 또는 시공 후 잔류변형이나 안정성에 악영향이 없도록 지반의 성질의 개량하기 위한 것으로 주로 압밀침하촉진과 지지력 증진을 목적으로 하며 크게 침하대책과 안정대책으로 구분할 수 있다. 연약지반을 개량하는 공법은 물리적, 화학적 및 전기적 공법 등 여러 가지가 있으나 경제성, 기술수준, 환경오염성 등을 고려하여 주로 물리적 개량공법이 널리 적용되고 있다. 대표적인 연약지반 개량공법에는 샌드 드레인(sand drain) 공법, 샌드컴팩션파일(sand compaction pile) 공법, PVD(prefabricated vertical drain) 공법, 팩드레인(pack drain) 공법 등의 연직배수공법이 있으며 경우에 따라 진공압밀공법, EPS성토공법, 압성토 공법, 심층혼합공법(deep cement mixing), 전면 굴착치환, 부분 굴착치환, 동다짐(dynamic compaction)공법 등이 대책공법으로 적용되고 있으며 각 공법별 효과는 〈표 3.1〉과 같다.

표 3.1 · 연약지반 대책공법의 효과

목적	공법	효과			구조물에 미치는 영향	비고
		침하 대책	안정 대책	토압 대책		
지반개량	재하중	◎	○	-	장기간의 존치기간 필요 구조물 시공까지 장기간을 요함	시공실적이 많으며 효과가 확실함
	연직 배수	◎	○	-	상동	재하중공법과 병용
	고결	◎	◎	-	선행하중이 불필요 소요시간이 짧음	심층혼합, 석회말뚝 설계법이 불확실함
	샌드 컴팩션	◎	◎	-	상동	
토압경감	컬버트	-	-	◎	구조물의 시공이 복잡함	실적이 비교적 적음
보 강	압성토	-	◎	○	교대에 영향을 미침	압성교대, 압성토, 어프로치 쿠션 등
	말뚝	◎	◎	-	구조물의 시공이 복잡함	파일슬라브, 파일캡, 파일네트 등

◎ : 주된 효과
○ : 보조 효과

3.2 개량공법의 종류

3.2.1 다짐공법

다짐공법은 주로 느슨한 사질토 지반의 상대 밀도를 증가시켜 예상되는 침하량을 줄이고, 지반의 강도를 증가시키는 공법으로 그 개량 범위에 따라 표층다짐 공법과 심층다짐 공법으로 나눌 수 있다. 표층다짐 공법은 주로 심층다짐 공법이나 다른 개량공법의 마무리 표층다짐 처리를 위해 사용되는데, 그 공법으로는 중량롤러(heavy roller) 다짐, 진동롤러(vibratory roller) 다짐, 공기타이어

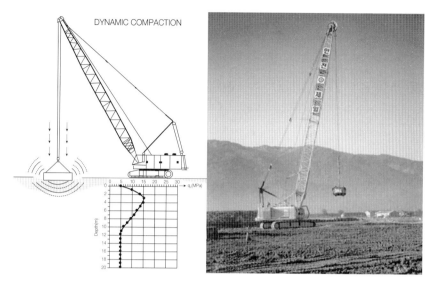

그림 3.1 ● 동다짐공법

식 롤러(pneumatic tire roller) 다짐 공법 등이 있다. 심층다짐 공법은 느슨한 사질토가 두껍게 존재하여 심층부로부터의 다짐이 필요한 경우에 실시하는 공법으로 폭파(blasting)다짐 공법, 바이브로 플로테이션(vibroflotation) 공법, 모래다짐말뚝(sand compaction pile) 공법, 동다짐(dynamic compaction) 공법 등이 있다. 심층다짐 공법은 주로 동적인 에너지를 이용하여 지반을 다지는 공법으로 공법의 원리는 동적 하중과 반복 하중을 가하여 초기 흙 구조를 붕괴시키고 흙 입자들을 새롭게 재배열시켜 흙의 특성을 개선하는 것이다. 폭파다짐 공법은 지하에 매설된 폭파물을 폭파하여 심층 깊숙히 다지는 공법으로 비용이 적게 들고, 신속하게 효과를 볼 수 있는 공법이다. 모래다짐말뚝(SCP) 공법은 느슨한 사질토 지반에 직경 60 ~ 80cm 내외의 모래말뚝을 압축 공기와 진동 에너지로 다져 넣어 지반을 조밀화시키는 공법으로 연약 점성토 지반의 보강을 위한 지반보강 공법으로도 사용된다. 동다짐 공법은 지표면에

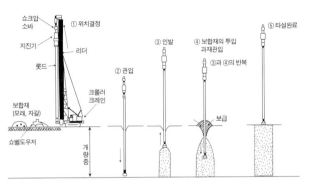

쇼크압
소바 ─ ① 위치결정
⑤ 타설완료
지진기
리더 ② 관입 ③ 인발 ④ 보합재의 투입
롯드 과재관입
크롤러 ③과 ④의 반복
크레인
보합재
(모래, 자갈)
보급
쇼벨도우저
개량중

그림 3.2 · 바이브로 플로테이션 공법

무거운 중추를 반복 낙하시켜 지반을 다지는 공법으로, 넓은 지역에 대해 약 20여 m 정도의 깊이까지 다질 수 있는 공법이다. 또한 동다짐 공법은 쓰레기 매립지와 같은 압축성이 큰 지반을 다지는 데 매우 유용한 공법이며, 연약한 점성토 지반에서도 배수 공법과 병행하여 사용할 수도 있다.

바이브로플로테이션 공법은 깨끗한 사질토의 다짐에 가장 적합한 공법인데, 이는 사질토 지반에 세립토가 많이 포함된 경우에는 간극수의 배출이 어렵고, 세립토의 점착력 때문에 지반구조를 쉽게 붕괴시키지 못하기 때문이다.

3.2.2 선행재하공법

선행재하공법은 연약지반 표면에 계획 구조물의 하중보다 크거나 또는 동등한 하중을 미리 재하하여 목적 구조물 설치 이전에 필요한 만큼의 침하가 발생하도록 유도하는 공법이다. 선행하중 공법에 의한 지반 개량 효과는 구조물 설치 후 기초 지반 침하량을 허용치 이내로 하는 효과와 지반의 전단 강도 증대 효과 등 두 가지로 볼 수 있으나 선행 하중만으로 시공 기간을 단축시키려면 너무 큰 상재 하중이 필요하게 되어 공기나 경제적으로 무리가 따른다. 따라서 이를 해결하기 위해서는 샌드 드레인(sand drain), 팩 드레인(pack drain), 페이퍼 드레인(paper drain) 등과 같은 연직배수공법을 이용한 압밀촉진공법을 병행하는 것이 보통이다.

3.2.3 연직배수공법

연직배수공법은 연약지반의 압밀을 촉진시키는 데 많이 사용하고 있는데, 대부분의 경우에 선행하중 공법, 치환 공법, 동다짐 공법 등과 같은 지반개량 공법과 함께 사용되고 있다. 압밀 촉진 공법으로 연직배수공법을 사용하는 것은 지반의 압밀 시간이 배수거리의 제곱에 비례하고, 대부분의 지반에서는 수평투수계수가 수직투수계수보다 더 크기 때문이다.

가. 샌드드레인공법

가장 대표적인 연직배수공법으로 직경 20~50cm의 모래말뚝을 1.5~6.0m 간격으로 설치한 다음 지표면에 상재하중을 재하시켜 압밀을 촉진시키는 공

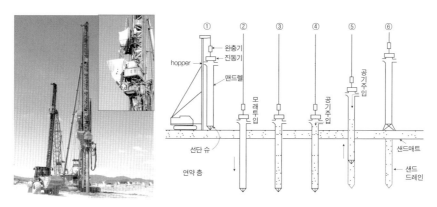

그림 3.3 ▫ 샌드드레인 공법

법으로, 설치 방법으로는 드리븐 맨드렐(driven mandrel)방법과 오픈 멘드렐(open mandrel)방법이 흔히 쓰인다. 샌드 드레인 공법의 설계에서 가장 중요한 요소는 드레인의 설치 간격이며, 드레인의 설치 형태는 정방형이나 삼각형으로 배치하고, 그 간격의 합리적인 결정을 위해서는 수평 및 수직방향의 압밀계수(c_v, c_h)를 정확히 아는 것이 중요하다. 일반적으로 c_h/c_v비가 클수록 드레인 설치 효과가 크다.

나. 팩드레인공법

모래말뚝이 절단되거나 잘룩하게 되는 것을 보완하기 위해 강인한 합성 샌드백에 모래를 채워 형성하는 모래주머니 샌드 드레인 공법이다. 이 공법은 1960년대 말에 실험 공사에 사용된 이래 오늘날까지 비약적으로 시공 실적을 쌓아오고 있다. 최근 국내에서는 팩 드레인을 개량한 다양한 공법들이 사용되고 있다.

다. 페이퍼 드레인공법

카드보드라는 통수구가 있는 두꺼운 종이를 배수재로 사용하여 개발되었으나, 지반이 압밀 침하를 일으킴에 따라 배수재의 절단 또는 부식, 블라인딩 등의 발생과 같은 배수재로는 치명적인 결점이 있어서 오늘날에는 거의 사용되지 않고 있다. 오늘날에는 내구성이 있고 습윤 강도가 크며 투수성이 좋은 두께 1~7mm, 폭 100mm 정도의 띠모양의 수지계 배수재가 다양하게 개발되어 기성연직배수재(prefabricated vertical drain, PVD) 공법에 사용되고 있다.

1) 케이싱관입	2) 망대투입	3) 모래충진	4) 케이싱 인발	5) 모래말뚝 형성	6) 완성된 모래
시공계획 위치에 바이브로 햄머를 이용하여 타설	시공길이에 맞춰 절단된 망대를 넣고 호퍼에 고정	바이브로 햄머를 이용 진동을 가하면서 모래충진	모래충진이 완료된 후 윗덮개를 닫고 소정의 압축공기를 주입하면서 인발	완료	말뚝

그림 3.4 ● 팩 드레인 공법

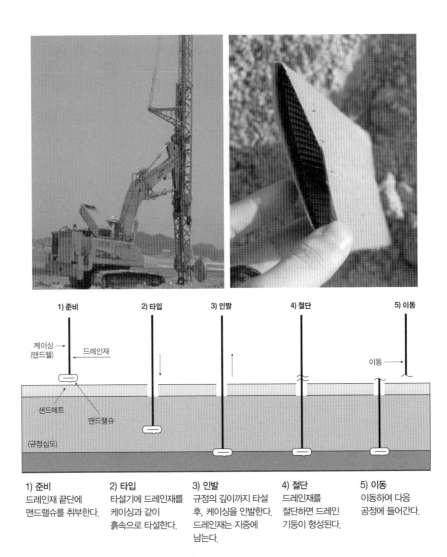

1) 준비	2) 타입	3) 인발	4) 절단	5) 이동
드레인재 끝단에 맨드랠슈를 취부한다.	타설기에 드레인재를 케이싱과 같이 흙속으로 타설한다.	규정의 깊이까지 타설 후, 케이싱을 인발한다. 드레인재는 지중에 남는다.	드레인재를 절단하면 드레인 기둥이 형성된다.	이동하여 다음 공정에 들어간다.

그림 3.5 ● PVD 공법

3.2.4 치환공법

연약층을 양질의 재료로 치환함으로서 지반을 개량하는 공법으로 연약층을
굴착 제거하고 치환하는 굴착치환공법, 성토하중에 의해 연약층을 측방 또는

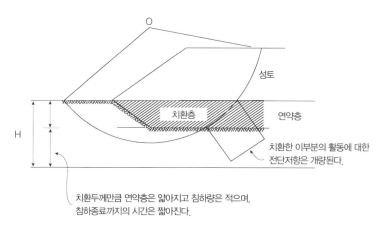

그림 3.6 ● 치환공법의 모식도

그림 3.7 ● 치환공법의 적용 예

전방으로 밀어내고 치환하는 강제치환공법, 폭발에 의해 연약층을 제거하고 치환하는 폭파치환공법 등이 있다.

치환깊이를 결정하기 위해서는 지반의 지지력에 대한 검토와 사면에 대한 검토, 그리고 침하량과 침하시간에 대한 검토가 필요하다. 치환공법 중에서 굴착치환공법은 부등침하의 우려가 적고, 가장 확실한 공법이라고 할 수 있으나, 시공심도에 한계(연약층 두께 5m 이내 시 적용)가 있고 일반적으로 경제성이 떨어진다.

강제 치환공법및 폭파 치환공법은 시공이 간단하지만 균일하게 치환되기가 어려워 부등침하의 문제 등을 안고 있다. 또 폭발에 의한 토사의 비산, 강제활동에 의한 물매 끝의 융기 등으로 인하여 시공현장이 한정된다.

3.2.5 약액주입공법

지반에 재료를 주입하는 공법은 지반개량과 지반의 안정화에 널리 사용되어 왔으나, 이 방법은 비용이 많이 들기 때문에 비교적 작은 지역에 한정하여 사용되며, 또한 다른 공법으로는 해결하기 어려운 특별한 문제에만 적용되어 왔다. 사용되는 재료에 따라 입자식, 화학식 그라우팅 공법으로 분류되며, 시공방법에 따라 다짐식 그라우팅과 고압분사주입 공법으로 분류된다. 입자식은 시멘트, 벤토나이트, 아스팔트와 같은 현탁액형을 말하고, 화학식은 물유리계와 고분자계와 같은 약액형(용액형)을 말한다. 또한 약액의 주입방식에 따라 롯드주입, 스트레이너주입, 이중관주입, 고압분사주입 등으로 분류될 수 있다. 약액주입 공법을 사용하는 주된 목적은 다음과 같다.

① 과도한 침하를 방지하기 위한 간극의 채움
② 인접 지역 굴착 또는 말뚝 항타시 구조물 기초 지반의 유동 방지를 위한

지반 보강

③ 터널 굴착시 상부 지반의 붕괴 방지 및 터널 바닥의 융기 방지

④ 옹벽에 작용하는 토압을 감소시키기 위한 지반의 강화

⑤ 말뚝의 횡방향 하중 저항을 증가시키기 위한 지반 강화

⑥ 액상화 현상을 방지하기 위한 느슨한 모래의 안정화

⑦ 사면 안정화 등

3.2.6 EPS 경량성토공법

연약지반에서 교대, 교각, 옹벽과 같은 구조물 배면에 성토를 할 경우에는 구조물 배면의 성토 편재하중에 의해 지반의 침하와 측방유동이 발생하여 구조물과 성토부에 부등침하가 발생할 수 있다. 지반의 침하와 측방유동에 의해 구조물이 측방이동하고 또한 기초 말뚝에 측방유동과 부마찰력이 작용할 수

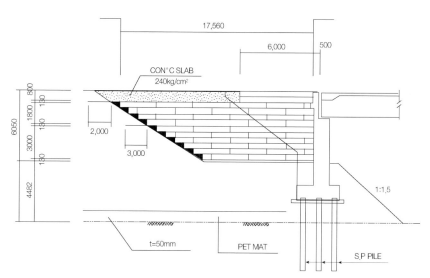

그림 3.8 ● EPS 경량성토를 이용한 교대 뒤채움 모식도

있다. 이러한 경우 여러 가지 지반개량공법을 사용하여 지반을 개량하거나 파일 슬래브 공법, 박스형 교대공법, EPS 성토공법 등을 사용함으로써 토압을 경감시키는 방법을 채택하기도 한다. EPS 성토공법은 경량성토공법 중 가장 대표적인 공법이다. EPS(expended poly-styrene)는 폴리스티렌 수지에 발포제를 첨가하여 가열, 연화시켜서 만든 인공 재료이다. EPS는 단위중량이 흙의 1/100 정도의 초경량이고 인력 시공과 신속한 시공이 가능한 우수한 시공성, 탁월한 내구성과 자립성, 낮은 흡수성 등의 장점이 있어 각종 토목구조물에 널리 적용될 수 있다. EPS 성토공법은 1972년 노르웨이 오슬로 부근의 교대 뒤채움성토에 발생한 단차문제를 해결하기 위해 처음 사용된 후 노르웨이를 중심으로 한 북유럽 국가들과 미국, 일본 등지에서 활발하게 사용되어 왔으며 국내에는 1993년 고속도로 교대 뒤채움재로 처음 적용한 하중경감, 교대뒤채움 성토, 급경사지 성토 등 그 활용 폭이 확대되고 있다.

그림 3.9 ● EPS 경량성토 교대 뒤채움 시공 모습

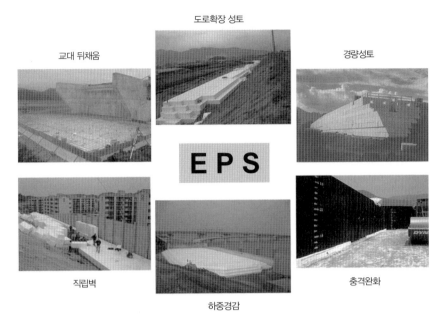

도로확장 성토

교대 뒤채움

경량성토

직립벽

하중경감

충격완화

그림 3.10 ● EPS 경량성토의 여러 가지 적용 사례

    지형 조건의 제약에 의해 굴착면이 지하수위 이하가 되거나 지하수위 변동에 의해 EPS 성토체의 수침이 예상되는 경우에는 부력에 대한 영향을 검토해야 한다. 이때, 소정의 안전율을 만족하지 못하는 경우 굴착깊이의 감소, 성토하중의 증가, 앵커 등의 사용, 지하수위 저하공법 등의 대책을 강구할 수 있다.

    연약지반상에 EPS 성토층을 축조한 후 이와 인접하여 흙을 성토하는 경우에는 신설 성토층에 의해 압밀침하나 사면활동이 발생할 수 있다. 따라서 이런 경우에는 신설성토층의로 인해 기존 EPS 성토층이 어떠한 영향을 받을 것인지 면밀히 검토해야 한다.

3.2.7 기타공법

이 외에도 연약지반 위에 진공 상태를 만들어 대기압을 하중으로 이용하는
진공압밀공법(〈그림 3.11〉참조), 말뚝과 말뚝두부에 타설한 슬래브의 조합
으로 상재하중을 지지하여 말뚝을 통해 지지기반에 전달하는 말뚝슬래브공법,
말뚝과 말뚝두부에 설치된 콘크리트블록(캡)을 조합한 말뚝캡공법(〈그림
3.12〉참조), 연약지반에 타설한 말뚝의 두부를 망모양으로 철근을 엮어 그
상부에 지오텍스타일을 부설하여 성토하중을 말뚝과 지반이 지지하도록 하는
말뚝네트공법 등 매우 다양한 지반개량공법들이 소개되어 활용되고 있다.

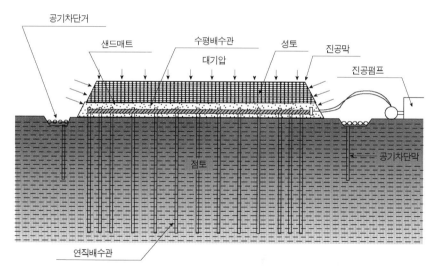

그림 3.11 ● **진공압밀공법**

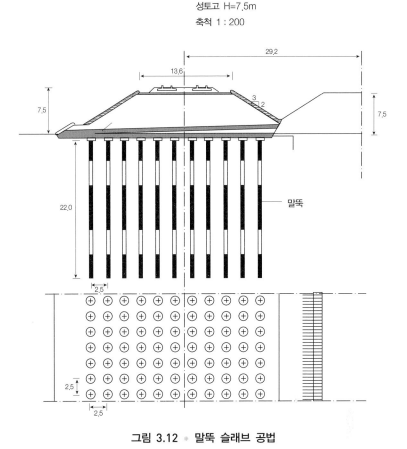

성토고 H=7.5m
축척 1 : 200

그림 3.12 ● 말뚝 슬래브 공법

3.3 연직배수재를 이용한 압밀촉진공법

우리나라에서 연약지반 개량을 위하여 가장 널리 사용되는 공법은 '연직배수 공법'과 같이 지반의 압밀을 촉진하는 방법이다. 연직배수공법에는 샌드드레인 (sand drain) 공법, 팩드레인(pack drain) 공법, SCP(sand compaction pile) 공법, PVD(prefabricated vertical drain) 공법(PBD 공법이라고도 함)

공법 등이 많이 사용되고 있다. 이 공법들은 사용하는 장비와 배수재료, 배수 기둥의 직경이 다르기는 하지만, 기본 원리와 설계 방법은 동일하다고 할 수 있다. SCP 공법의 경우 지반보강 기능이 추가되기는 하나, 압밀촉진원리는 다른 배수공법과 같다.

3.3.1 개요

하중을 받는 포화 점토 지반에서는 낮은 투수성으로 인하여 장기간 동안 침하가 발생하게 된다. 오랜 시간 동안의 압밀은 상부 구조물의 안정성, 사용성에 좋지 않은 영향을 줄 수 있으며, 공사 기간이 길어지는 요인이 된다. 압밀 속도에 직접적인 영향을 주는 요인은 배수거리와 투수계수의 크기이다. 이에 따라 점토층의 배수거리를 인위적으로 단축시켜 압밀 속도를 빠르게 하려는 압밀 촉진 공법들이 개발되어 적용되고 있는데, 지중에 일정 간격마다 연직 방향으로 투수성이 좋은 배수재를 삽입하는 연직배수(vertical drain) 공법이 가장 널리 사용되고 있다. 압밀시간은 배수거리의 제곱에 비례하고 대부분의 지반에서는 수평 투수계수가 수직 투수계수보다 더 크기 때문에 배수공법을 이용하면 압밀시간을 크게 단축시켜 침하를 조기에 완료시킬 수 있다.

이 공법은 2차 압축량이 큰 이탄토, 유기질 점토 지반을 제외한 대부분의 점

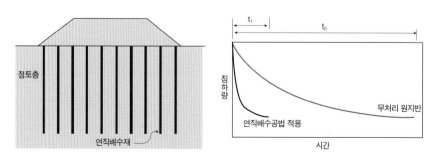

그림 3.13 ● **연직배수공법의 적용과 압밀 촉진 효과**

토 지반에 적용이 가능하다. 연직배수재를 설치한 후에는 지표 상부에 압밀 하중을 작용시킨다. 압밀 하중으로는 성토체를 이용하는 것이 보통이며, 유체 탱크나 대기압 등을 이용하기도 한다. 일반적인 성토하중 대신 상재 하중으로 대기압을 이용하는 것을 진공 압밀(vacuum consolidation) 공법이라 한다. 연직 배수재가 설치된 지반에서는 횡방향 압밀이 우세해지게 되는데, 대부분의 지반에서는 횡방향 투수계수가 연직방향 투수계수보다 크므로 이 공법을 사용하게 되면 배수거리를 단축시키는 것 외에도 투수성이 향상되는 효과를 얻을 수 있다. 그러나 배수재를 설치하는 도중에 지반이 교란되어 배수재 주변 지반의 투수계수가 감소하는 교란 효과(smear effect)와 배수재 내에서의 간극수 흐름이 방해받는 통수 저항(well resistance)에 의하여 압밀지연이 발생할 수도 있다.

3.3.2 연직배수공법의 종류

사용하는 배수재, 시공 방법에 따라 여러 종류로 구분할 수 있는데, 크게 샌드 드레인(sand drain)류와 밴드 드레인(band drain)으로 구분한다. 샌드 드레인류의 공법에서는 배수재로 투수성이 좋은 모래를 사용하는데, 샌드 드레인, 샌드윅(sand-wick) 드레인, 팩(pack) 드레인 등으로 구분된다. 밴드 드레인은 마분지, 합성 섬유 재질의 인공 배수재를 사용하며, 페이퍼 드레인, 윅(wick) 드레인, 플라스틱 보드 드레인(plastic board drain) 등을 통칭하는 것이다. 샌드 드레인은 1925년 Moran이 고안하여 1936년 Porter에 의해 캘리포니아에서 최초로 실무에 적용된 이후로 현재까지 사용되고 있다. 가장 대표적인 연직배수공법으로, 케이싱을 압입하는 배토 방식 또는 워터 제트나 오거를 이용한 천공 방식으로 직경 20~50cm의 원형 모래 기둥을 1.5~4.5m 간격으로 설치한다. 국내에서는 직경 40cm의 샌드 드레인이 널리 이용되고 있다. 샌드윅 드레인, 팩 드레인은 모래 기둥의 절단 방지, 형상 유지 및 지반 교란 감소 등을 목적으로 샌드 드레인을 개량한 공법으로, 모래 기둥 주위를 합성 가공된 천, 섬유망으로 감싼 것이다. 국내에서 사용하고 있는 팩 드레인은 강인한 합성 섬유망에 모래를 채운 일종의 주머니형 샌드 드레인으로, 직경 12cm의 모래 기둥을 동시에 4본씩 시공할 수 있어 시공 효율이 높고, 모래 사용량을 줄일 수 있다. 1948년 Kjellman은 최초의 밴드 드레인이라 할 수 있는 마분지(cardborad)를 이용한 배수 공법(Kjellman wick drain)을 소개하였는데, 이는 페이퍼 드레인이라 불리우며 1970년대까지 광범위하게 사용되었다. 현재 사용되는 밴드 드레인은 내구성이 좋고 습윤 강도가 큰 합성 섬유 재질의 배수재를 사용하며, 이 때문에 플라스틱 보드 드레인(plastic board drain)이라고도 불리우나 기성제품을 이용한다는 측면에서 PVD(prefabricated vertical drain)으로 통칭하는 것이 일반적이다. 인공배수재는 다양한 형상의 코어와 이를 감싸고 있는 필터로 이루어져 있으며, 두께는 약 5mm, 폭은 10cm 징도이다. 샌드 드레인류에 비하여 시공 속도가 빠르며, 지반 교란 정도도 덜하다. 이 외에도 모래를 다지며 시공하는 모래다짐말뚝(sand compaction pile) 공법과 쇄석을 배수재로 사용하는 쇄석다짐말뚝(granular compaction pile) 공법 등도 연직배수공법에 포함시킬 수 있는데, 압밀 촉진 원리가 샌드 드레인과 동일하며, 압밀 촉진과 지반 보강 효과를 동시에 거두고자 할 때 사용한다. 이들 공법은 지중에 형성된 배수재의 강성이 비교적 커서, 재하시 응력 집중으로 지반 침하량이 다소 감소한다.

3.3.3 연직배수공법의 기본원리

점토 지반에 연직배수공법을 적용하게 되면, 간극수는 연직 방향은 물론이고 횡방향으로도 배수가 되므로 3차원 압밀 해석이 필요하게 된다. 그러나, 일반적으로는 축대칭인 방사 방향의 유체 흐름과 1차원 압밀 이론을 결부시켜 문제를 단순화하여 해석한다. 모든 연직배수공법의 해석과 설계는 샌드 드레인을 기준으로 하며, 밴드 드레인과 같이 합성 수지를 사용하는 경우에도 인공 배수재를 모래 기둥으로 등가화하여 샌드 드레인에 준하여 설계하고 있다. 샌드 드레인 공법 설계시 중요한 요소는 배수재의 직경, 설치 간격 및 형태, 지반의 압밀계수이다. Barron(1948)은 Terzaghi의 1차원 압밀 이론을 토대로 지반을 자유 변형률(free strain) 조건과 등변형률(equal strain) 조건으로 구분하여, 연직 배수재가 설치된 지반의 압밀 해석식을 제안하였다. 자유 변형률 조건은 지반의 강성이 작아서 침하가 불균일한 경우이며, 등변형률 조건은 지반의 강성이 커서 침하가 균일하게 발생하는 경우이다. 실제 설계 및 해석시에는 등변형률 조건을 가정하는데, 이는 이론적으로는 부적절하나 상대적으로 간편하고 실제적으로 적용이 가능하기 때문이다. 그리고, 초기에 재하되는 하중은 모두 과잉간극수압으로 작용하며, 모든 변형률은 연직 방향으로만 작용하고, 각 배수재의 영향 범위는 원형이라고 가정한다. 배수재의 설치 형태와

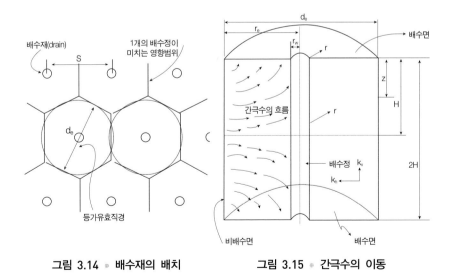

그림 3.14 ● 배수재의 배치   그림 3.15 ● 간극수의 이동

설치 후 주변 지반에서 간극수의 이동은 〈그림 3.9〉와 〈그림 3.10〉과 같다. 여기에서 배수재는 반경이 r_w(직경은 d_w)인 원형 기둥이며, s는 배수재 중심 간 간격, d_e는 하나의 배수재가 영향을 미치는 등가유효원의 직경(반경은 r_e) 이 된다. 밴드 드레인의 경우에는 배수재의 폭(a)과 두께(b)를 이용하여 원형 기둥으로 등가화시키는데, Hansbo(1979)에 따르면 $d_w = 2(a+b)/\pi$ 이다. H는 연직 방향의 배수거리이다. 연직배수공법에서 가장 중요한 설계요소는 배수재의 설치간격과 형태를 결정하는 것이며, 배수재 설치시 압밀에 소요되는 시간은 다음과 같이 구할 수 있다.

$$t = (T_h \cdot d^2_e) / c_h$$

여기서, c_h: 수평방향 압밀계수

T_h: 수평방향 시간계수

d_e: 유효집수지름

이 때 유효집수지름(d_e)은 배수재의 배치 형태가 정사각형일 경우 $d_e =$ 1.05s가 되며, 정삼각형일 경우에는 $d_e = 1.13s$가 된다.

연직배수공법을 적용하는 경우 수평방향뿐만 아니라 연직방향으로도 배수가 일어나므로 양방향 배수를 모두 고려하면 평균압밀도는 다음과 같이 구할 수 있다.

$$U = 1 - (1 - U_v)(1 - U_h)$$

여기서, U: 평균압밀도

U_v: 수평방향 평균압밀도

U_v: 연직방향 평균압밀도

3.3.4 교란효과와 통수 저항효과

연직배수재를 지반 내에 설치하는 과정에서 주변 지반의 교란을 초래하게 되는데 이 교란으로 인하여 지반의 수평방향 투수성이 저하된다. 이것을 교란효과(smear effect)라고 한다. 또, 이상적인 모래 말뚝으로 가정하여 잔류 과잉 간극수압의 크기와 압밀침하량을 등을 예측하는 경우 현장의 실측치와 상당한 차이를 보이는 경우가 있는데 이것은 스미어 존의 존재 외에도 배수재 내부에서의 물의 흐름에 대한 저항(well resistance)에 의한 수두 손실, 그리고 배수재 내부의 응력집중과 시간에 따른 하중 크기의 변화를 적절히 반영하지 못한 점 등이 그 원인이 될 수 있다. 교란효과와 배수저항을 고려하여 평균 압밀도를 산정하는 방법은 다음과 같다(Hansbo, 1979).

$$U_h = 1 - \exp(-8 \, T_h \, / \, F)$$
$$F = F(n) + F_s + F_r$$

상기 식에서 배수재 설치 간격에 의한 영향 F(n)과 교란효과에 의한 영향 Fs, 그리고 물의 흐름에 대한 저항 Fr은 다음과 같이 구할 수 있다.

$$F(n) = \ln n - 3/4$$
$$F_s = (k_h/k_s - 1) \log(d_s/d_w)$$

여기서,　k_h: 비교란 영역의 횡방향 투수계수

k_s: 교란 영역의 횡방향 투수계수

d_s: 배수재 주변의 교란영역의 직경

$$F_r = z(L - z)(k_h/q_w)$$

여기서,   L: 배수거리(양면배수인 경우 배수재의 길이)

　　　　　z: 지표면으로부터의 길이

　　　　　q_w: 수두경사가 1일 때 배수능력

교란효과를 설계에 반영하는 가장 간단한 방법은 Leonard(1962) 등이 제안한 것과 같이 배수재의 직경을 1/2에서 1/5까지 줄여서 유효직경을 가정하는 방법이다. 한편, 실제 경험에 의하면 횡방향 압밀계수가 연직방향 압밀계수에 비해 2~10배까지 큰 결과를 보여주는데, 흔히 $c_h = c_v$를 가정하는 경우 충분히 교란효과를 고려한 것과 같은 결과를 주기 때문에 실무에서 많이 사용되고 있다.

3.3.5 기타 공법

생석회 말뚝 공법, 전기 삼투 공법, 동압밀 공법 등도 압밀 촉진을 목적으로 사용된다. 생석회 말뚝 공법은 강력한 소화, 흡수, 탈수, 팽창 특성을 지닌 생석회를 말뚝 모양으로 지중에 타설하여 지반을 횡방향으로 압축시키면서 간극 속의 물을 급속하게 탈수시키는 강제 압밀 공법이다. 지중에 조성된 생석회 말뚝은 원래 체적의 2배까지 팽창한다. 그리고, 석회 기둥 팽창분의 지반 수축량 보충 및 석회 기둥의 응력 집중 등에 의해 침하량이 감소하는 효과도 있다. 전기 삼투 공법은 지중에 직류 전극을 설치하여, 흙과 간극수의 전기 화학적 특성을 이용해서 간극수를 배출시켜 지반을 압밀시키는 공법이다. 토립자에 흡착된 간극수는 음극 방향으로 이동하게 되므로, 음극에는 집수 및 배수 시설이 필요하다. 이 공법은 불포화토에서는 효과적이지 못하나, 지반을 거의 교란시키지 않으며, 투수성이 매우 낮은 점토 지반의 오염 물질 제거시에도 사용될 수 있다.

동압밀 공법은 사질토 지반에 사용되던 동다짐(dynamic compaction) 공법을 포화 점성토 지반에 적용하면서 붙여진 이름으로, 무거운 추를 지표면에 떨어뜨리는 방법으로 지중에 충격 에너지를 전달하여, 이때 유발된 과잉간극수압이 소산되면서 지반을 압밀시킨다.

3.4 개량공법의 적용

3.4.1 공법의 조합

지반조사 결과에 따라 지반물성과 성토고, 구조물 위치 등을 검토하여 세부 검토대상 구간을 적절히 나누고 그 구간에 대해 지지력, 침하, 안정 문제 등에 대해 상세검토를 실시하여 대책공법을 선정한다. 일련의 과정은 〈그림 3.16〉와 같다. 일반적으로 대책공법은 단독으로 적용되기도 하지만 필요에 따라 여타의 공법과 조합으로 적용되는 경우가 많다. 이때 개량목적, 지반조건과 시공조건, 경제성 등을 종합적으로 고려하여야 하며 특히 각 공법간의 특성을 잘 파악하여 공법 상호간의 효과가 상쇄되거나 하는 일이 없도록 해야 한다. 대표적인 연약지반 대책공법의 조합 예는 〈표 3.2〉와 같다. 한편, 성질이 서로 다른 지층으로 구성된 지반이나 비교적 양호한 지반 하부에 연약한 점성토층(압밀대상층)이 존재하는 경우에는 이층을 미처리할 경우, 지속적인 잔류침하나 성토체의 안정성에 악영향을 미칠 수 있으므로 성토하중의 크기, 지중응력 영향범위, 해당 층의 압밀(축)특성 등을 고려하여 이 층의 처리여부를 신중하고 면밀하게 검토할 필요가 있으며 자료가 부족할 경우 추가조사를 실시하는 것이 바람직하다.

한편, 지반조건에 따라 다음의 사항을 고려할 수 있다.

표 3.2 • 연약지반 개량공법 조합의 예

침하대책	안정대책	그림 예
연직배수 공법	표층처리공법 (예: 샌드매트)	
연직배 수공법	샌드컴팩션파일 공법	
성토재하 공법	압성토공법 또는 Sand Compaction Pile 공법	
연직배수 공법	완속재하공법	
샌드컴팩션파일 공법	안정, 고결공법 (예:심층혼합공법)	

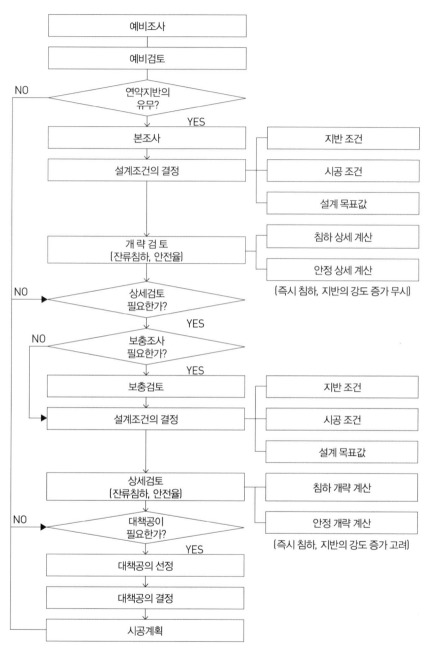

그림 3.16 ● 연약지반 상세 검토순서

가. 연약층의 두께

연약층이 얇은 경우에는 압밀 침하량이 적고 소요시간이 짧으며, 지반의 활동 가능성도 적기 때문에, 표층처리공법이나 굴착치환공법만을 적용하는 경우가 많다. 그러나, 연약층이 두꺼운 경우에는 표층처리공법을 포함한 다양한 공법들이 병용되는 것이 일반적인데, 연직배수공법과 선행재하공법이 널리 활용된다.

나. 배수층(모래층) 사이의 얇은 연약층(3~4m 이하)

배수거리가 짧으므로 침하가 비교적 급속하게 진행되어 압밀에 의한 충분한 강도 증가를 기대할 수 있으므로, 특별한 경우를 제외하고는 연직배수공법이나 SCP공법과 같은 별도의 대책이 필요 없는 경우가 많으며, 표층처리공법, 완속재하공법, 선행재하공법 정도가 적용될 수는 있다.

다. 중간 배수층(모래층)이 없는 두꺼운 연약층

배수거리가 길어 장기간 다량의 압밀 침하가 발생하기 때문에, 침하대책으로 압밀을 촉진시키기 위한 연직배수공법, 안정대책으로 압성토공법, SCP공법, 고결공법 등을 적용하는 것이 보편적이다.

라. 지표 부근의 두꺼운 모래층(4m 이상) 아래에 있는 연약층

안정 문제보다는 침하 문제가 주요 관심사항이 되며, 모래층의 두께에 따라 대책공법의 실효성이 좌우된다. 연직배수공법, 선행재하공법 등이 보통 적용된다.

3.4.2 단계성토계획

연약지반에서는 침하 및 안정대책으로 적절한 연약지반처리공법을 적용하더라도 계획고까지 일시에 성토하는 것을 불가능하며 따라서 총 성토고를 몇 단계로 나누어 성토와 방치를 반복하는 단계성토를 실시하는 것이 보통이다. 단계성토 계획은 각 단계에서의 성토고와 방치기간을 결정하는 것이다. 이때 각 단계성토고는 지반의 지지력이 충족되는 한계이내로 성토고를 결정해야 하며 한계성토고 또는 사면안정해석에서 소요의 안전율을 확보하도록 해야 한다. 성토속도는 지반조건과 현장여건에 따라 달라지며 보통 1.5m/월을 적용하는 것이 보통이다. 방치기간을 두는 것은 성토하중에 의해 발생한 과잉간 극수압이 소산되면서 유효응력으로 전이되는 과정에서 지반의 강도가 증가되어 다음 단계 성토를 위한 지지력을 확보하고자 하는 것이다. 따라서 방치기간은 압밀속도에 의존하는 것으로 보통 압밀도 90% 이상 도달하는 시간으로 한다. 한편, 대책공법의 보조수단으로 PET 매트를 사용하는 경우가 있는데, 이때 제시된 안전율을 만족시키기 위해 무리하게 너무 많은 수의 매트를 설치하

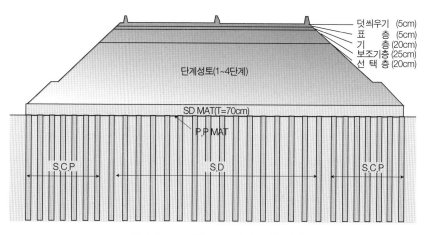

그림 3.17 • 지반개량공법의 조합 사례

는 것은 바람직하지 못하며(보통 3장 이하) 이럴 경우 별도의 대책공법을 검토하는 것이 좋다.

실제 시공에서는 설계시의 단계성토 계획대로 시공되기는 어렵다. 따라서 계측결과에 따라 성토속도나 성토고 등을 다소 변경할 수 있으며, 방치기간의 경우에도 방치 중에는 계측한 침하자료로 부터 장래침하량 및 압밀도를 분석하여 그 기간을 다소 변경할 수 있다. 다만, 침하자료 외에 확인지반조사보링를 통해 그 신뢰성을 확보하는 것이 좋다. 연약지반은 그 특성상 시공 중 성토하중에 의한 침하와 시공 후의 잔류침하를 피하기 어렵다. 특히 잔류침하는 공용 후 주행성을 심각하게 저하시키고 유지보수비를 증가시키는 등 매우 신중하게 다루어야 할 문제이다. 이러한 잔류침하를 최소화하기 위해서 설계단계에서는 계획된 계획성토고에 교통하중, 침하량 등에 상응하는 하중을 성토고로 환산하여 이를 총성토고로 반영하는 것이 보통이다. 특히 구조물과 성토부의 접속구간 등에서는 매우 중요한 문제로서 반드시 예상되는 최대하중 이상의 과재성토를 하도록 하는 것이 좋다. 점성토층의 압밀에 의한 강도증가를 기대한 설계를 하는 경우에는 강도증가율이 중요한 토질 정수가 된다. 강도증가율은 자연 상태에 있는 흙의 비배수전강도와 흙이 받고 있는 유효상재하중의 비로서 나타낼 수 있으며 대략 0.2~0.4의 범위에 있다. 설계에서는 대체로 다음의 방법이 이용된다.

가. 해당 지반에서 압밀하중에 대응하는 실험에서 구한 비배수전단강도를 도시하여 그 기울기를 강도증가율로 평가하는 방법. 단, 이 방법은 과압밀 점토에서는 선행압밀하중을 이용할 수 있다.

나. 경험적인 관계

$m(= s_u/s'_{vo}) = 0.11 + 0.0037 I_P (I_P$는 소성지수$)$

다. 압밀비배수 삼축압축시험을 이용하는 방법

$$m(=s_u/s'_{vo})=\sin\varPhi_{cu}/(1-\sin\varPhi_{cu})$$

선행재하공법의 경우에는 재하하중에 의한 압밀이 완료되기 전에 하중의 일부를 제거하게 되므로 전부를 압밀응력으로 볼 수 없으며 특히 지반 내의 깊이에 따라 강도증가의 크기가 변한다. 따라서, 비배수 전단강도 증가효과를 설계 및 시공에 반영하기 위해서는 선행자중을 재하한 후 현장시험을 통해 비배수전단강도를 직접 평가하는 것이 바람직하다. 이와 같은 이유로 단계성토 확인지반조사를 실시하도록 하는 것이며 아래의 시공 중 지반조사에서 상세하게 다루도록 한다. 증가된 강도증가는 다음과 같이 계산할 수 있다.

$$s_u=s_{u0}+m(=s_u/s'_{vo})\times(\gamma_{fill}\times h_{fill})\times U$$
여기서, s_{u0}: 원지반의 비배수전단강도
m: 강도증가율, U: 평균압밀도

3.5 특수 조건에서 공법의 적용

가. 저성토 구간

연약지반상의 저성토는 고성토의 경우와 같이 성토체의 안정이나 측방유동, 대규모 침하 등의 문제가 발생하는 경우는 적으나 공용 후 노면에 융기, 포장 손상 등이 발생하는 경우가 있다. 그 이유로는 다음과 같은 것이 있다.

① 성토고 낮아 노상부를 충분히 다짐할 수 없고 노상의 지지력을 얻기가 곤란하다.

② 지하수위가 상대적으로 높고 경우에 따라 노상부까지 상승할 수 있으므로 지지력이 저하되기 쉽다.

③ 교통하중이 성토 내에서 충분히 분산되지 않고 연약층까지 직접 영향을 미쳐 장기적으로 침하 등으로 인한 변형을 촉진한다.

④ 교통하중의 진동이 그대로 연약층으로 전달되기 쉽다.

지금까지 경험과 실적을 통해 볼 때 저성토에서는 교통하중에 의한 영향으로 장기적으로 계속적인 침하가 발생하며 연약층이 두꺼울 경우에는 그 크기가 증가하는 것으로 알려져 있다. 따라서 이러한 문제 구간에서 대해서는 성토 구조물의 강성을 증대하거나 성토내 배수를 양호하게 하고 표층을 보강하는 등의 대책을 수립해야 한다. 저성토에서 유효한 대책공법으로는 다음과 같은 것이 있다.

- 표층처리 공법: 샌드매트를 포설하여 압밀배수를 촉진하고 지하수 상승을 억제하는 방법, 지반의 국부적인 파괴를 방지하기 위해 전단강도 또는 인장력이 큰 재료를 포설하여 주행성 확보와 하중분산효과를 꾀하는 방법, 시멘트, 석회 등을 이용하여 표층을 고화시키는 방법, 지하배수구를 설치하여 배수를 촉진하는 방법 등이 있다.
- 재하중 공법: 사전에 교통하중에 해당하는 하중 이상의 여성토를 실시하여 공용 후의 침하에 대비하는 공법이다.
- 치환 공법: 연약층의 심도가 낮은 경우나 교통하중의 영향이 크게 작용하는 부분을 국부적으로 양질의 토사로 치환하는 방법으로 효과가 가장 확실한 방법이다.

나. 편절, 편성구간에서의 성토

본 절에서 언급하는 편절, 편성구간은 단면의 일부가 침하 및 안정성에 문제가 없는 지반을 기초로 하고 나머지 부분이 연약지반을 기초로 하는 성토부를 말한다. 이러한 성토부에서는 침하와 함께 접속면을 따라 부등침하, 활동파괴, 노면 균열에 의한 포장손상 등이 발생하기 쉽다. 상기와 같은 구간에 대해서는 다음과 같은 대책공법을 적용하는 것이 좋다.

① 성토와 원지반 접속부의 보강: 원지반에 충분한 층따기를 실시하고 경우에 따라 보강재(지오텍스타일, 지오그리드, 철근부망 등)을 설치하는 경우도 있다. 또 지하수의 침투가 예상되는 경우에는 적절한 위치에 지하배수구를 설치하면 좋다.

② 연약지반처리공법 적용: 연약층의 심도가 낮은 경우에는 현장여건과 경제성 등을 고려하여 적정한 심도까지 굴착치환하거나 시멘트, 석회 등을 혼합하여 보강하는 방법이 있으며 심도가 깊은 경우에는 SCP이나 고결공법 등을 적용하여 연약층의 전 침하량을 감소시키고 지반강도를 증가시키는 공법이 있으며 현실적으로 SCP공법이 유효하다고 할 수 있으며 일방적인 압밀배수촉진을 적용하는 것은 반드시 바람직한 것이 아니다.

다. 경사진 기반위의 성토

연약층 하부의 지지층이 경사져 있을 경우에는 심도가 깊은 쪽으로 편압이 발생하고 부등침하와 수평변위의 발생이 현저하게 나타나며 그 방향으로 활동이 일어날 가능성이 매우 높다. 현실적으로 실시설계에서는 거의 발견하기 어렵고 확인시추조사나 사운딩, 연직배수재 시공 결과 등으로부터 확인할 수 있으며 이때에 기반경사의 정도가 심한 경우에는 사전에 적절한 대책을 수립

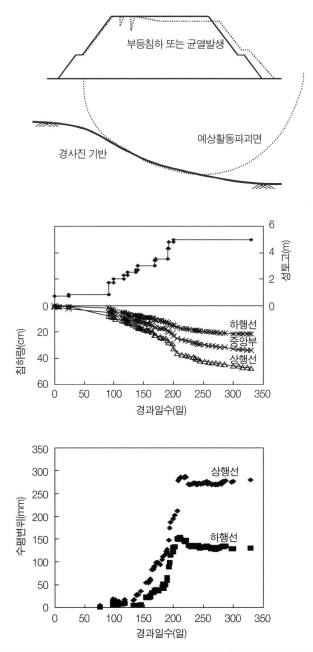

그림 3.18 ◦ 경사진 지반에서의 침하 및 수평변위 발생양상(예:서해안고속도로 주산-줄포간)

하는 것이 좋고 미처 발견하지 못한 경우에도 계측관리상의 침하의 경향이나 변위발생 경향으로도 확인이 가능하다. 이러한 조건에서 대책공법은, 부등침하가 활동파괴를 촉진하는 것이므로 전 침하량을 감소시키는 것이 좋고 따라서 SCP공법이나 심층혼합처리공법 등의 적용이 유효할 것이다. 그러나 단일 공법을 적용하는 것보다는 현장여건을 고려하여 2가지 이상을 공법을 병용하는 것이 바람직하다. 특히 SCP공법의 적용시 심도가 깊은 쪽은 간격을 좁게하고 얕은 쪽은 간격을 넓게 하여 부등침하를 최소화하는 것이 좋다. 또한 이러한 경사진 지반을 사전에 인지하지 못하여 현저한 부등침하나 균열 등이 발생한 경우에는 이에 대한 적절하고 신속한 대책 수립이 요망되며 보다 철저한 계측관리 및 시공관리를 실시하여야 한다. 기반이 경사진 경우에는 잔류침하 발생량이 큰 것으로 알려져 있어 공용 후 유지관리 시에도 주의해야 할 것이다. 다음은 경사진 지반에 성토를 실시할 경우 흔히 발생하는 침하 및 변위 발생량상을 나타낸 것이다.

라. 기존도로 접속부 또는 확폭부에서의 성토

기존 도로를 접속 또는 포함하여 확폭 성토할 경우 기존도로부에서는 이미 침하가 종료된 상태로 안정되어 있으나 확폭 성토부에 의해 추가적인 침하가 발생하며 확폭부로 기울어진 형태의 침하 양상이 발생한다. 이로 인해 기존 도로부의 노면에 요철이 발생하거나 포장 손상이 올 수 있으며 확폭부가 기존 도로를 포함하는 경우에는 편절, 편성부의 성토에서와 유사한 형태의 문제점이 발생할 수 있다. 이러한 경우에는 사전에 적절한 대책을 수립하여야 하며 경제성, 시공성 등을 고려하여 적절한 공법을 선정하면 된다. 대표적인 대책공법으로는 다음과 같은 것이 있다.

① 샌드컴팩션파일(SCP)공법: 확폭부의 전침하량을 감소시켜 부등침하를 최소화하고 지반강도를 증진시켜 활동을 억제하는 개념의 공법으로 기존도로의 접속부 사면 하부까지 처리하는 것이 곤란하므로 이 부분은 별도의 검토를 시행하는 것이 좋다.

② 널말뚝 공법: 접속부에 널말뚝을 설치하는 공법으로 가장 확실한 방법이지만 고가의 공사비가 소요되는 단점이 있다.

③ 지반보강: 편절, 편성부에서의 성토와 같이 기존도로부와 확폭부를 인장강도가 큰 재료로 보강하는 방법으로 지오텍스타일, 철근부망, 파일네트 공법 등을 적용할 수 있다.

3.6 토목섬유

3.6.1 개요

보통 연약지반개량에 사용되는 토목섬유 매트는 흙 속에 매립시켜 사용하지만, 장시간 현장에서 태양광에 노출될 수 있기 때문에 특히 폴리올레핀 계통의 고분자(폴리프로필렌, 폴리에틸렌 등)에는 자외선 안정제 및 산화방지제가 첨가되어야 하며 어떠한 토목섬유이든지 극한 상태에서 충분히 견디어야만 한다. 토목섬유는 여러 가지 목적으로 이용될 수 있지만 도로 건설공사에는 주로 지반 보강, 장비 주행성 확보, 층 분리 등의 목적으로 직포 지오텍스타일을 주로 사용하고 있다. 지반 보강, 층분리의 효과를 거두기 위하여 사용하는 토목섬유의 지반 내 역학적 거동 특성은 인장변형률(tensile strain)과 인장강도(tensile strength)에 의해서 주로 지배된다. 따라서 기성 섬유 제품이 위의 목적으로 사용되기 위해서는 일정한 응력-변형률 관계상의 기준에 부합하여야 한다. 다른 재료와 마찬가지로 토목섬유도 재료가 항복하거나 파괴되는 상태에서의 변형률과 응력을 기준으로 재료의 강도를 정의할 수 있다. 장비 통행성 향상, 지반 보강의 목적으로 사용되는 토목섬유의 인장변형률은 작을수록 유리하나, 폴리프로필렌(PP)이나 폴리에스테르(PET) 매트 등은 그 재료의 특성이나 제조 공법상의 제약 등으로 인하여 최대 강도가 발현되는 변형률은 10%를 크게 초과하는 것이 일반적이다. 이와 같은 점을 고려하여 우리 공사에서는 PP, PET 매트의 품질관리를 위하여 최대 인장변형률이 30% 범위 내의 제품을 사용하도록 규정하고 있다. 한편, 흙과 섬유의 응력-변형률 특성은 상이하므로, 지반 보강의 목적으로 토목섬유를 사용할 때에는 흙의 응력-변형률 특성에 준하여 토목섬유의 역학적 특성을 반영해야 한다. 따라서 PET 매트의 지반 내 인장 저항을 지반안정 해석에 반영할 때 매트의 최대 인장강도를 기준으로 적용하는 것은 적절하지 않다.

3.6.2 토목섬유의 기능

가. 보강기능

토목섬유 제품의 보강기능은 인장강도에 의해 흙 구조물의 안정성을 증진시키는 기능으로 섬유 자체의 인장강도는 물론이고 흙과의 충분한 마찰력이 확보되어야 한다. 연약지반 위에 놓인 토목용 섬유제품의 보강기능은 유발된 토목용 섬유제품의 인장력의 수직성분 합력만큼의 하중감소 효과에 의해 나타난다. 이때, 흙과 토목용 섬유제품 사이의 마찰력이 유발된 인장력보다 작다면 토목용 섬유제품은 내부로 빨려들어가 큰 침하를 발생하여 토목용 섬유제품의 인장력을 증대시키지 못한다. 따라서 보강용 토목섬유제품은 인장강도가 클수록 또한 흙과의 마찰력이 클수록 보다 큰 효과를 나타낸다. 연약지반 위에 시공되는 성토체를 토목섬유로써 보강하게 되면, 성토체 내의 활동에

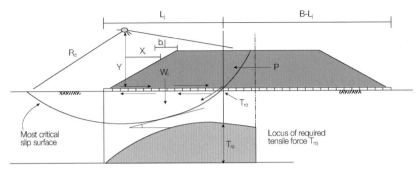

그림 3.19 ● 토목섬유에 의한 성토체 보강의 도해적 개념

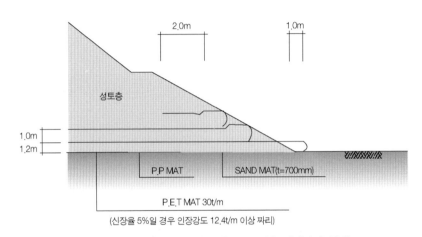

그림 3.20 ● 성토체 보강을 위한 토목섬유 설치단면 상세

대한 저항력이 증대되어 과도한 변위와 전단에 의한 지반 파괴를 억제할 수 있
게 된다. 토목섬유를 이용한 성토체의 보강은 보강토 옹벽의 일반적인 보강
개념과 유사하다고 할 수 있는데, 그림은 활동 파괴에 대한 보강 매커니즘을
간략하게 보여주고 있다. 토목섬유에 의한 보강력은 그림에서 T_{r0}로 표시되는
데, 활동면에서의 저항모멘트를 증가시켜 성토체 전반의 안정성을 향상시키
게 된다.

나. 배수기능

토목섬유의 배수기능은 투수계수로 평가되며 또한 연직흐름의 경우 토목섬유제품의 연직투수계수(permittivity)는 kn/h에 의해 결정되며 평면투수계수(transmissivity)는 kph에 의해 결정된다. 유체의 연직흐름은 토목섬유제품이 필터로서 사용될 때 적용되고, 토목섬유제품이 배수재로써 사용될 때는 평면흐름이 적용된다. 일반적으로 토목섬유제품의 kn과 kp는 근사한 값을 가지므로 투수계수 k에 대한 평균값이 존재하게 되며 연직투수계수와 평면투수계수는 k와 h로부터 유도할 수 있고 평면흐름은 연직흐름보다 압축응력에 더 영향을 받게 된다.

다. 필터 기능

토목섬유제품의 필터 기능은 크게 액체필터 기능, 정적 고체필터 기능 및 동적 고체필터 기능의 세 가지로 고려된다. 액체필터 기능은 액체 중에 부유되어 있는 세립자를 운반하는 흐름에 직각방향으로 토목섬유제품을 설치해서 세립자의 이동을 막고 물만 통과시키는 기능이다. 정적 고체필터 기능은 흙과 유공재료(골재, 유공관, 다공플라스틱 매트)사이에 설치된 토목섬유 제품이 배수 또는 양수에 의해 물을 집수하여 운반하는 동안, 흙 입자의 이동을 막아주는 기능으로 주로 정류상태의 일방향 흐름에 대한 기능인데 반해, 동적 고체필터 기능은 부정류상태의 동적 흐름에 대한 기능이다. 그러나 동적 고체 필터는 파랑의 작용으로부터 보호되는 흙과 피복재료(암석, 콘크리트, 블록, 돌망태) 사이에 설치된 토목섬유 제품에 물이 통과하는 동안 흙 입자의 이동을 최소화 시키는 역할을 하며, 주요 특성은 토목섬유 제품의 구멍크기와 투수성이다.

라. 분리기능

토목용 섬유제품의 분리기능은 세립토와 자갈, 돌덩어리, 블록 등의 조립재료가 외부하중에 의해 서로 압착되어질 때 두 재료 사이에 놓인 토목용 섬유제품이 세립토와 조립입자가 혼합되는 것을 막아주는 기능이다. 분리기능을 목적으로 사용되는 토목용 섬유제품은 흙 입자를 보존시키는 보존성과 외부하중에 의해 생기는 응력에 견딜 수 있는 충분한 강도를 가져야 한다.

chapter 04
시공관리

4.1 개요

시공관리의 목적은 정해진 품질 및 형상, 치수의 목적물을 정해진 기간 내에 경제적으로 완성하는 것이다. 즉, 계획된 공정이 차질 없이 진행되고 있는지, 품질은 양호한지를 조사해 기준에 미달하거나 기 발생한 또는 잠재적인 문제점을 사전에 인지하여 가능한 신속히 그 원인을 찾아내어 개선하는 등의 일련의 작업이라고 할 수 있다. 시공관리에는 품질관리, 공정관리 등이 포함되지만 연약지반 상의 성토 공사에서는 무엇보다도 계측을 통한 성토안정관리가 중심이 되며 이 부분은 별도로 후술하기로 한다. 다음은 연직배수재를 이용한 압밀촉진공법을 적용하는 연약지반상의 성토공사를 중심으로 일련의 공정과 시공관리상 유의해야 할 사항과 시공관리의 주요한 이슈들에 대해 기술하기로 한다.

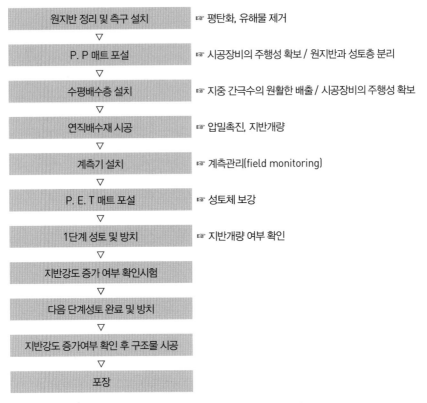

원지반 정리 및 측구 설치	☞ 평탄화, 유해물 제거
🔻	
P. P 매트 포설	☞ 시공장비의 주행성 확보 / 원지반과 성토층 분리
🔻	
수평배수층 설치	☞ 지중 간극수의 원활한 배출 / 시공장비의 주행성 확보
🔻	
연직배수재 시공	☞ 압밀촉진, 지반개량
🔻	
계측기 설치	☞ 계측관리(field monitoring)
🔻	
P. E. T 매트 포설	☞ 성토체 보강
🔻	
1단계 성토 및 방치	☞ 지반개량 여부 확인
🔻	
지반강도 증가 여부 확인시험	
🔻	
다음 단계성토 완료 및 방치	
🔻	
지반강도 증가여부 확인 후 구조물 시공	
🔻	
포장	

그림 4.1 ● 주요 공정의 흐름과 목적

4.2 공정별 시공관리

가. 확인지반조사

연약지반의 성토시공의 설계는 한정한 지반정보를 이용하여 단순화된 지반해석 모형을 적용하여 실시하기 때문에 현장의 조건과 상이할 수 있다. 따라서 시공 전에 반드시 확인지반조사를 실시하여 지반조건을 분명하게 파악해둘 필요가 있다. 확인지반조사는 실시설계 지반조사에서 누락되었거나 지반

그림 4.2 ● 확인지반조사 광경(시추조사, 스웨덴식 사운딩)

정보가 부족한 지점을 중심으로 적절한 수량을 실시하고 기반의 경사가 우려되는 지점에서는 종방향뿐만 아니라 횡방향으로도 실시할 필요가 있다. 확인조사에서는 시추조사 외에도 다양한 원위치 시험(CPT, 스웨덴식 사운딩)을 병행하여 실시하는 것이 좋다. 특히, 연약지반으로 의심나는 구간이나 설계와 달리 연약지반이 아닌 것으로 판단되는 지점, 층후의 변화가 심한 것으로 예상되는 지점 등에서는 반드시 실시할 필요가 있다. 이러한 조사결과는 이후 연직배수재 시공에서 처리심도 결정 등에 매우 중요한 정보를 제공하게 된다. 확인지반조사에서 실시설계시 지반조사 결과와 매우 상이하거나 지반의 강도 및 압밀정수가 큰 범위로 차이가 날 경우에는 해당 구간의 설계를 재검토할 필요가 있으며, 설계에서 충분히 고려하지 못한 현장상황(지형적 조건, 하천 제방이나 하천에 인접한 구간, 기존 구조물 인접 구간, 민원 예상구간 등)을 함께 검토하여 시공시 발생할 수 있는 문제점을 사전에 인지하여 대책을 수립하여야 한다.

나. 원지반 정리 및 측구 설치

연약지반 개량공사을 시행하기에 앞서 원지반 벌개제근(초목, 표토 등 제거) 및 정지작업을 실시하고 원활한 배수를 위해 배수측구를 설치한다. 원지

그림 4.3 ● 원지반정리작업 및 측구 설치

반 정리 작업시에는 양단 측구 방향으로 일정 구배를 형성하여 압밀수의 배출이 원활히 이루어지도록 하여야 하며, 연약지반 처리시 가장 중요한 부분이 압밀수 배출에 의한 지반개량으로 압밀수를 처리하는 측구는 깊고 넓게 주변 배수구배에 맞춰 시공하여야 한다. 원지반은 샌드 파일로부터 압밀된 압밀수가 최종침하시 까지 원활히 배출될 수 있도록 양측구 방향으로 일정 구배를 유지시켜야 한다. 샌드매트가 균일하게 포설되도록 지반 요철을 최소화 해야 하며 지반교란으로 인해 강도가 저하되는 일이 없도록 주의해야 한다. 도로 횡방향 배수 구배가 불량할 경우 양질의 성토 재료로 일정 두께를 성토하여 횡방향 배수가 원활히 되도록 해야 한다. 배수측구는 사전에 정확한 측량을 실시하여 성토 폭원을 충분히 확보할 수 있도록 위치를 선정해야 하며 이때 원지반의 지반고를 각 체인별로 정확히 측량해둘 필요가 있다.

다. PP 매트 깔기

원지반 정리작업과 측구설치 작업이 완료되면 PP 매트 깔기를 실시한다. PP 매트는 원지반과 샌드매트을 분리시켜 점토분의 혼입을 방지하고 장비 주행성을 향상시키는 역할을 한다. 반입되는 매트는 규격(투수성 및 강도특성)

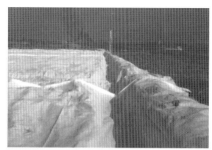

그림 4.4 ● PP 매트 깔기와 현장봉합

에 맞는 승인된 제품이어야 하고 필요에 따라 현장 반입된 제품을 임의로 샘플링하여 품질시험을 실시하면 좋다. 매트 1롤(roll)의 크기는 운반 및 시공성을 고려하여 공장 봉합하고, 공장 봉합시 겹침폭은 5cm 이상 4선 봉합을 한다. 현장 부설시에는 현장봉합을 실시하는데 핸드미싱을 사용하여 고장력 섬제사로 봉합강도 50kPa 이상이 나오도록 봉합하여야 하며 품질관리기준에 의거 소정의 품질시험을 실시해야 한다. 매트깔기는 최대한 긴장하여 주름의 발생을 최소화하는 것이 좋고 현장 깔기시 손상되지 않도록 주의해야 하며, 샌드매트 감싸기, 1m 정도의 법면 여유폭, 성토체에 1m 이상의 근입폭, 시공상황 등을 고려하여 시공 폭을 여유 있게 해야 한다. 특히 자외선에 의한 강도저하를 방지하기 위해 깔기 후 즉시 샌드매트를 포설해야 한다.

라. 샌드매트(Sand Mat) 깔기

샌드매트는 압밀에 의한 배출수와 기타의 용수를 성토체 외부로 신속하게 배수시키는 수평배수층과 장비주행성 확보를 위한 목적을 PP 매트 상부에 설치하는 것으로 그 두께는 배수용량과 장비주행성 등을 고려하여 산정하며 50~70cm 두께로 하는 것이 보통이다. 다만, 연약층의 심도가 깊고 초연약지반

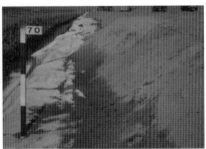

그림 4.5 ● 샌드매트 깔기와 규준틀

에서는 샌드매트만으로 주행성을 확보하기가 어렵고 그 두께가 지나치게 커지므로 표층배수공법이나 보조공법을 적용하는 것이 좋다.

샌드매트는 품질기준을 만족하는 투수성이 양호한 양질의 모래를 사용하여 소정의 두께로 균질하게 깔아야 하며, 특정 지점에 모래를 집중적으로 야적하면 국부적으로 파괴가 일어날 수 있으므로 주의해야 한다(도로 중앙부에 2m 이하). 최종 침하 시에도 원활한 배수기능을 확보할 수 있도록 성토 끝단에 1m 정도의 여유폭을 두어야 하며 중앙부의 침하가 양단부보다 큰 것을 고려하여 중앙부를 다소 높게 시공하여 적정구배를 형성하는 것이 좋다.

연약지반 처리를 위해 연직배수공을 시공하는 경우(특히 샌드컴팩션파일

표 4.1 ● 침하를 고려한 샌드매트의 시공

구분	시공 시	침하 후
적정구배 고려		

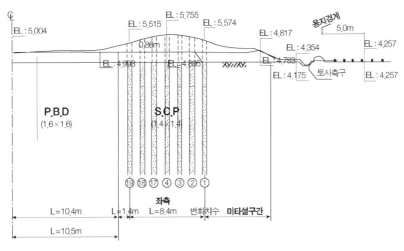

그림 4.6 ● SCP 시공에 따른 지반 융기

공법) 원지반이 융기되는 경우가 간혹 발생하는데, 이때 중앙부와 양단부의
지반고가 현저하게 차이나고 이로 인한 횡방향 배수에 문제가 발생할 것으로
예상되는 경우에는 전문가의 검토를 거쳐 별도의 대책방안(쇄석이나 유공관
을 이용한 횡배수공법, 집배수정 등)을 수립할 수 있다.

샌드매트는 연약지반내 압밀수의 배수를 위한 상부 배수층 역할을 함과 동
시에 연약지반 처리 중장비의 작업성, 주행성이 용이하도록 지반보강의 역할
도 수행한다. 그러므로 샌드매트는 투수성이 우수한 양질의 모래를 이용하여

표 4.2 ● 연약지반용 모래 시방기준

구 분	샌드 매트	샌드 드레인
D_{15}(입도 15% 직경)	0.075∼0.9mm	0.1∼0.9mm
D_{85}(입도 85% 직경)	0.4∼8mm	1∼8mm
#200체 통과량	15% 이하	3% 이하
투수계수(cm/s)	1×10^{-3} 이상	1×10^{-3} 이상

두께가 일정하도록 전체를 평탄하게 포설 하여야 하며 성토부의 최종 침하 시에도 원활한 배수 기능을 수행할 수 있도록 성토 법면 끝단에서 1m 정도 여유 폭을 두어 시공한다. 반입되는 모래는 사용 전에 반드시 입도시험을 실시하고, 2만m³마다 소정의 품질시험 실시한다.

샌드매트 포설이 완료되면 본격적인 연약지반 처리를 위한 연직배수재가 시공되며 연직배수공법 중 연직으로 모래말뚝을 시공하여 연약지반의 압밀배수를 촉진함으로써 지반강도를 증가시키게 된다. 샌드매트의 두께는 장비의 주행성 및 배수기능의 적정성을 만족하도록 결정해야 한다. 연직배수재 시공 장비의 주행성은 장비의 접지압과 표층부근의 지반의 지지력을 비교하는 방법으로 이루어진다. 접지압이 부족한 경우에는 샌드매트의 두께를 늘이거나 별도의 수단을 강구할 필요가 있다. 배수기능에 대해서는 압밀에 의해 지중의 물이 샌드매트를 통해 배출될 때 샌드매트 내의 압력수두가 샌드매트의 두께를 넘지 않도록 하는 방법을 일반적으로 사용한다. 원활한 수평배수 기능을

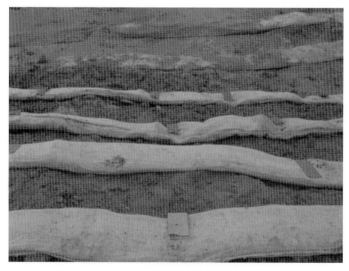

그림 4.7 ● 천연재료를 이용한 수평배수층

만족하기 위한 샌드매트의 두께는 다음과 같이 구할 수 있다.

$$\triangle H_W = \frac{L^2 \cdot S}{2 \cdot K \cdot H}$$

여기서, K : 투수계수(cm/day)→5×10⁻³cm/sec→432cm/day

S : 성토재하시의 평균침하속도(cm/day)

L : 배수거리(m)

H : 샌드매트의 두께(cm)

△H_W : 샌드매트 내의 압력수두로 H 미만이어야 한다.

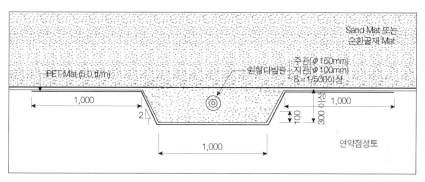

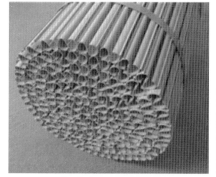

그림 4.8 ● 다발관과 집수정을 이용한 수평배수

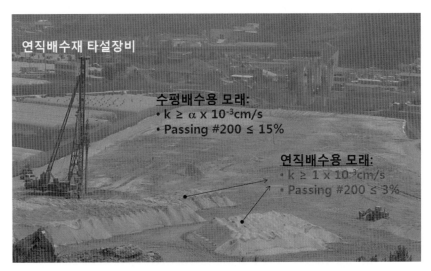

그림 4.9 ● 지반개량 현장에서 수평배수용 모래와 연직배수용 모래

최근에는 천연자원인 모래의 구득이 어려워지고 운반 등에 소요되는 비용이 증가함에 따라, 부순 돌(자갈)이나 인공 또는 천연 수평배수재로 활용되기도 한다.

예상되는 압밀침하량이 크고 큰 배수용량이 요구되거나, 배수거리가 지나치게 길어 원활한 배수가 어려울 경우에는 배수용량을 확보하고 배수거리를 단축시키기 위해 다발관, 집수정 등을 병행하는 경우가 있다.

마. PET 매트 깔기

PET매트는 지반의 낮은 지지력과 성토하중에 의한 사면활동에 저항하며 성토체를 일체화시키는 등의 역할하는 것으로 지반조건과 성토고 등에 따라 적용하는 규격(강도)과 장수가 달라진다. PET 매트는 품질기준에 적합하고 승인된 재질이어야 하기 때문에 필요에 따라 반입된 매트의 일부를 임의로 샘

그림 4.10 ● 보강용 토목섬유 매트 깔기

플링하여 품질시험을 실시하는 것이 좋다. PET 매트는 연약지반처리와 샌드 매트 포설이 완료된 후 깔게 되며 이때 충분한 여유 폭을 두는 것이 좋고, 깔기 후에는 곧바로 성토를 실시하여 자외선 노출에 의한 열화나 물리적 손상을 방지해야 한다. 깔기시 도로 종단방향은 현장봉합 등을 실시하여 연장하고 현장봉합강도에 대해서는 품질관리기준에 따라 품질시험을 실시해야 한다. 단, 도로 폭방향으로는 연결이나 봉합을 실시해서는 안 되고 매트 깔기시는 인장력을 최대한 발휘할 수 있도록 가능한 긴장하여 주름이 잡히지 않도록 해야 한다. 일반적으로 흙과 매트의 응력-변형률 관계가 상이하여 매트를 사전에 최대한 긴장하지 않거나 주름이 있을 경우에는 매트의 보강효과가 현저하게 감소하게 되므로 주의해야 한다. 매트의 장수가 여러 장일 경우에는 각 단마다 일정한 간격을 두고 시공하게 되며 1단 매트 이상에서는 토공면에 매트깔기가 시행되므로 적정한 구배를 구배를 두는 것은 좋으나 너무 심한 구배는 오히려 불리할 수 있으므로 주의해야 한다.

4.3 지반개량

4.3.1 개량심도의 결정

연약지반상의 성토시공에서 발생하는 가장 중요한 문제점은 크게 침하와 같은 변형의 문제와 전단활동파괴의 문제로 대별할 수 있다. 연약층의 심도가 낮고 그 분포 범위가 크지 않은 경우에는 이를 제거하고 양질의 재료로 교체하는 치환공법이 가장 확실하지만 현장 여건상 곤란한 경우가 많다. 이러한 문제가 예상되는 구간에는 적절한 연약지반 처리 공법을 택하여 지반의 공학적 성질을 개량하여야 한다. 처리공법의 주요한 목적은 압밀배수촉진이나 지반강도 증진(지지력 증대) 등에 있다. 대책공법은 단독 또는 2개의 이상의 공법을 병행하여 적용하는 경우가 많으며 침하대책과 안정대책 중 어느 쪽에 주안점을 둘 것인가를 명확히 하고 경제성, 시공성 등을 고려하여 가능한 지반을 교란시키지 않는 공법을 선정하는 좋다. 연약지반 처리는 전체 공사의 성패를 좌우할 만큼 매우 중요한 공종이므로 매우 신중한 검토와 정밀한 시공이 요구된다.

가. 시험항타(시험시공)

연직배수재 시공에 앞서, 지반조건을 명확히 파악하고 적정 처리심도를 결정하기 위해 시험항타를 실시하는 것이 좋다. 시험항타는 종방향 30~50m 간격으로 좌, 중, 우단의 3공씩을 실시하고 가급적 시추조사 자료나 사운딩 등

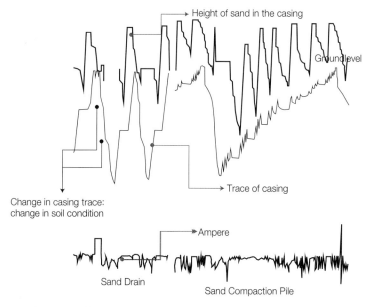

그림 4.11 ● 자동기록장치에 의한 연직배수재 기록의 예 (고속도로현장, 2001)

의 조사결과가 있는 지점을 선정하는 것이 좋다. 또 시험항타에서는 장비의 성능이 허용하는 최대한의 심도까지 관입해 보는 것도 좋은 정보를 얻을 수 있다. 연직배수재의 시공에서는 통상 자동기록장치에 의해 시간에 따른 케이싱의 궤적, 관입시 진동모터에서 요구되는 전류치, 관내 모래의 높이 관입이 등의 기록을 확보하게 되는데 적정 개량심도를 결정하는 데 매우 유용한 자료가 된다.

시험항타시에는 사전에 기 실시한 지반조사 자료를 종합하여 해당 지점의 지반조건을 어느 정도 파악해 두는 것이 바람직하며 장비성능, 토질, 지층변화, 연경도 등에 따른 케이싱의 관입궤적, 관입심도, 전류치의 변화 등을 면밀히 검토해 적정 관입심도나 관리기준치(전류치)를 결정해야 한다. 일반적으로 처리대상 지반의 관입특성은 크게 다음과 같이 분류할 수 있다.

① 압밀대상층(연약층 또는 처리대상층, 이하 압밀대상층)과 하부의 지지층이 명확히 구분되어 지지층에서 관입이 종료되는 경우(Type I)
② 압밀대상층의 중간에 단단한 층(모래질 층, 전석층, 단단한 점토층)이 존재하고 그 하부에 연약한 층이 존재하는 경우(Type II)
③ 심도가 깊어짐에 따라 분명한 지지층이 나타나지 않고 점점 단단한 층(N값이 점진적으로 증가)이 나타나는 경우(Type III)

①의 경우에서는 특별한 검토가 필요하지 않으나, ②의 경우에는 단단한 층 하부의 지반이 압밀대상층(처리대상층)인지 여부를 면밀히 검토해야 할 것이다. 만약 중간의 단단한 층에서 관입을 종료할 경우 하부의 지반에서 장기적으로 계속 침하를 발생시킬 우려가 있으며 경우에 따라서는 하부 지반까지 압밀대상층에 해당하지 않아 이 지반까지 처리하는 것은 과도한 관입이 되어 공사비의 낭비를 초래할 수 있으므로 신중히 검토해야 한다. 또 ③의 경우에는 어느 심도(지층)에서 관입을 종료해야 할지가 매우 중요한 문제가 된다. 압밀대상층은 지반의 조건만으로 결정되는 것은 아니며, 성토하중(성토고), 재하폭, 목적물의 종류와 기능 등을 복합적으로 고려해서 결정해야 할 사항이며 ②와 ③의 경우에는 가급적 전문가의 검토나 조언을 받는 것이 좋다. 시험항타를 통한 적정 처리심도의 결정 또는 관리기준치(전류치)의 결정은 경제성뿐만 아니라, 설계심도에 의한 일률적인 시공이 아니고 지반조건을 가장 효율적인 반영하여 이후 성토시공 과정에서 성토체의 안정이나 압밀촉진효과에 매우 큰 영향을 주게 되며 특히 연직배수재 시공 기록은 기반의 경사나 국부적인 연약층의 존재, 심도의 변화 등의 중요한 정보를 제공하게 된다. 연직배수재 시공 기록으로부터 기반의 경사나 국부적인 연약층의 존재, 심도의 변화 등이 발견되는 지점은 사전에 주지하여 '**집중관리**'하는 것이 바람직하다.

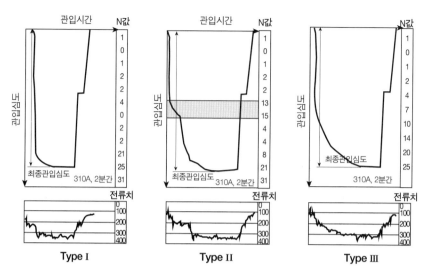

그림 4.12 ● 모래말뚝 시공시 대표적인 관입특성 (고속도로현장, 2004)

Type Ⅰ : 관입초기부터 최종 관입까지 거의 직선 또는 일정하게 급한 기울
기로 관입되어 최종관입심도에서 급격한 전류치의 증가와 함께
관입이 종료되는 경우

Type Ⅱ : 초기에 거의 직선적으로 관입되다가 지층의 중간에 단단한 층 또
는 모래층, 사력층 등이 존재하여 관입저항이 급격히 상승하나
그 하부에 연약한 층이 존재하여 다시 관입저항이 감소하면서 추
가적인 관입이 이루어지는 경우. 지층 중간의 단단한 층의 존재
는 국부적일 수도 있고 지반 전체에 걸쳐 나타날 수도 있음

Type Ⅲ : 초기에 거의 직선적으로 관입이 진행되다가 토질에 따라 다를 수
있으나 N값이 증가함에 서서히 관입저항이 발생하고 이때 케이
싱의 궤적은 기울기가 완만히 변하면서 계속해서 관입하게 되고
현 시방규정에 따라 관입할 경우, N값이 20 이상인 지반까지 관

입하게 되는 경우. 이러한 경우에는 적정 관입심도를 결정하는 것이 매우 어려우며 주상도와 사운딩 결과 등을 참조하여 면밀히 검토해야 함.

나. 관입특성 결정방법(모래말뚝시공을 중심으로)

시험항타를 통해 해당 지반조건과 장비성능 등을 고려한 관입특성이 결정되어야 효율적인 본 시공을 수행할 수 있다. 이때 앞에서 언급한 빈도와 수량으로 적절히 시험항타를 실시하여 각각의 기록지와 지반조사결과 등을 종합하여 해당 구간의 적정 처리심도와 전류치를 결정하면 된다. 해당 구간의 대표적인 관입특성, 적정 관입심도, 전류치 등을 결정하는 방법은 다음과 같다.

1) 시추주상도(①)나 사운딩 결과(②) 등으로부터 해당 지점의 토질 특성과

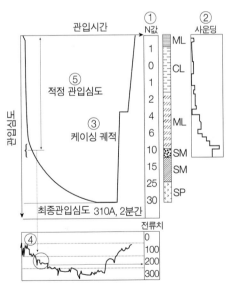

그림 4.13 ● 시험항타로부터 적정 관입심도 및 전류치를 결정하는 방법

지층구성, 특히 압밀대상층의 분포를 파악한다.

2) 기록지의 케이싱 궤적(③)을 주의 깊게 살펴보고 궤적의 변곡점(⑤)에 유의하면서 주상도의 지층구성이나 토질조건과 일치하는지 확인한다. 단단한 층을 통과할 때의 케이싱 궤적은 완만한 곡선을 이루게 된다.

3) 이때의 전류치의 변화(④)를 살펴보고 변곡점 발생 지점과 전류치의 변화 위치를 비교·검토한다. 지층의 변화나 토질의 변화가 있으며 케이싱 궤적의 변화와 함께 전류치에 급격한 변화가 발생한다.

4) 1)의 검토와 2) 3)의 결과가 잘 일치하면 압밀대상층이 충분히 처리되는 심도에서의 전류치를 결정하고 이를 본 시공에서의 관리기준치로 결정한다.

케이싱의 관입저항(전류치)은 케이싱의 길이가 늘어나면 부하가 크게 걸리므로 전류치는 전체적으로 상승할 것이나 동일 장비와 동일 구간에서는 문제가 되지 않고 다만 심도가 깊어지면 더 커지게 되나 진동을 가하게 되므로 이는 상당부분 감소할 것으로 판단된다.

4.3.2 연직배수재의 시공

가. 샌드드레인공법

샌드드레인 공법은 현재까지 가장 시공 실적이 많으며 확실한 효과를 발휘하는 것으로 알려져 있으며 지중에 직경 40cm의 모래말뚝을 형성하여 배수거리를 단축시켜 압밀촉진을 꾀하는 공법이다. 본 시공 전에는 전술한 시험항타를 실시하여 적정 처리심도 또는 관리기준치(전류치)를 결정해야 한다. 샌드드레인의 배열 삼각형 또는 사각형 배치가 주로 사용된다. 샌드드레인 시공시 다음 사항에 유의해야 한다.

① 장비조합 및 배수재용 반입 모래의 량과 품질, 장비 주행성 여부를 확인 해야 한다.

② 기록장치(전류계, 사면계, 심도계)의 정상작동 여부와 세팅(setting)을 사전에 확인하고 매일 본 시공 전에 감독관이 기록장치함(BOX)를 봉인 하는 것이 좋고 일일 항타기록지를 철저히 관리해야 한다.

③ 배공도에 따라 시공위치를 정확하게 표시하였는지 확인하고 당일 작업 이 종료된 이후에는 시공선을 분명히 표시하여 작업개시 시에 중복시공 이나 누락이 발생하지 않도록 해야 한다.

④ 수시로 실제 관입심도와 기록지상의 심도를 비교하여 확인해야 하며, 모 래 투입량, 관리기준 전류치 준수 및 사주형성 여부 등을 확인하여야 하 며 시공이 불량한 경우에는 즉시 재시공해야 한다.

⑤ 케이싱 인발시 발생되는 용솟음된 점토 또는 세립분(slime)이 샌드매트 에 혼입되지 않도록 제거하여야 한다.

나. 샌드컴팩션파일(Sand Compaction Pile, 이하 SCP)공법

SCP공법은 직경 40cm의 케이싱을 관입/인발을 반복하여 지중에 직경 70cm의 압축모래기둥을 형성하는 공법으로 배수거리 단축을 통한 압밀촉진 효과와 모래말뚝의 치환효과에 의한 지반강도 증진효과를 꾀하는 공법으로 기타 사항에 대해서는 샌드드레인공법과 유사하다. 본 공법은 상기 목적 외에 도 다짐효과를 이용한 느슨한 사질토로 구성된 연약층의 안정처리, 지진에 의 한 액상화 방지, 편토압 발생 등에 의한 사면활동 또는 파괴 억제 등 다양한 목 적으로 적용할 수 있다. 이 공법의 시공시에는 샌드드레인 시공시 유의사항 외에 다음의 사항에 유의해야 한다.

그림 4.14 • SCP 기둥 직경의 확인

- 상부의 비교적 단단한 층에서 사주의 직경이 기준에 미달하는 경우가 종종 발생하므로 시공 중 약 1.5∼2m까지 굴착하여 사주형성을 확인해야 한다.
- 시공 간격이 너무 좁거나, 하천 제방 부근, 기존 도로 부근에서 시공할 경우, 높은 치환율로 인해 지중매설물, 기존 구조물이 파손되거나 주변지반의 융기 등이 발생할 수 있으므로 사전에 반드시 지장물 조사를 실시하여 충분히 검토하는 것이 좋고 상기 현상의 조짐이 인지된 경우에는 즉시 시공을 중단하고 대책(시공순서변경, 공법변경)을 수립해야 한다.
- 교대측방이동 대책으로 SCP공법을 적용할 경우에는 교대에서 가까운 교각의 기초 파일이 영향을 받을 수 있으므로 시공순서를 효율적으로 조정하는 것이 좋다.

한편, SCP 항타시 관행적으로 상부 1.0∼1.5m에서 인발하여 상부에서는

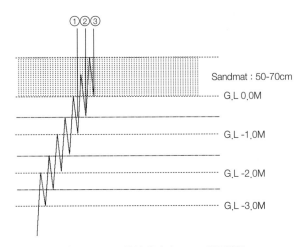

그림 4.15 ● 표층부에서의 SCP 시공방법

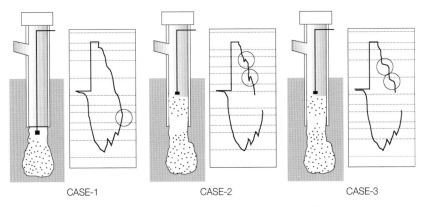

CASE-1　　　　　　CASE-2　　　　　　CASE-3

그림 4.16 ● 사주계 기록으로부터 불량 시공의 확인

사주의 확공이 잘 이루어지지 않는 문제가 발생할 수 있다. 검토에 의하면 상
부의 사주직경 감소가 배수 및 안정성에 미치는 영향은 미미하나, 원칙적으로
소정의 사주 직경을 확보하는 것이 좋으며 이를 위해서는 최종적으로 샌드매
트 상부에서 재관입을 하면 된다. 그 방법은 다음과 같다.

한편, 모래를 이용한 연직배수재의 자동 기록지에서 관내 모래기둥의 높이를 연속적으로 측정하는 것을 사주계라고 하는데, 사주계의 기록 중에서 다음과 같은 사례가 나타나면 지중에서의 모래기둥 형성이 완전하지 못한 것으로 판단할 수 있다.

다. 팩드레인(Pack Drian) 공법

팩드레인공법은 연약지반처리공법 중 압밀촉진공법의 하나로, 지중에 직경 120mm의 팩(Pack)을 삽입 후 모래를 충진하여 배수기둥을 형성하는 공법이다. 4본을 동시에 타설하게 되므로 시공속도가 빠르고 사주의 직경이 작아 지반교란이 적으며 소요 모래량이 적어 경제적인 것으로 알려져 있다. 그러나 4본을 동시에 타설하게 되므로 지반이 불규칙한 경우에는 잦은 리더교체와 미처리 부분의 잔류침하, 간격차이에 의한 압밀도 불균형 등이 발생할 수 있다. 특히 사전에 지반조사를 통해 심도가 깊은 지역부터 낮은 지역으로 케이싱을 감소시키면서 타설해야 하므로 이 점에 유의해야 한다.

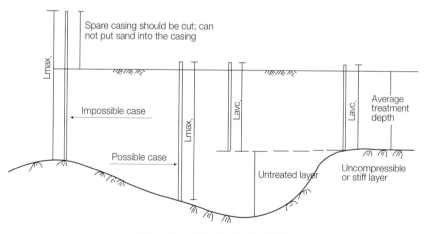

그림 4.17 · 팩드레인의 타설방법

최근에는 팩드레인 시공시 팩의 꼬임현상 발생을 개선한 다양한 공법들이 개발된 바 있으며 시공방법이나 성능면에서 PD공법과 동등하다고 볼 수 있다. 타설 순서는 타설장비를 소정의 위치에 정착시킨 후 케이싱을 수직으로 하여 하단부의 덮개를 닫고 진동 해머에 의해 케이싱을 압입한 후 팩의 한쪽 끝을 묶고 내부에 소량의 모래를 투입하여 팩을 하강시키고 포대의 다른 한쪽 끝을 호퍼 모래 투입구에 정착시켜 4공에 모래를 충진한 후 케이싱 상단을 닫고 압축공기를 불어넣어 팩드레인에 압력을 가하면서 케이싱을 인발하면 팩드레인 형성이 완료된다. PD공법 시공에서는 다음 사항에 유의해야 한다.

- 본 항타 전에 20m마다 종, 횡방향 시험항타를 실시하여 타설심도를 위치별로 결정한 후 깊은 곳부터 케이싱의 길이를 조정하면서 시공하여야 한다.
- 팩 삽입시 뒤틀림이 발생하지 않도록 하고, 모래가 충진된 팩이 케이싱 인발시 따라 올라오지 않도록 주의해야 한다. 예상보다 현저하게 적은 량의 모래가 투입되는 경우에는 팩의 뒤틀림을 예상해 볼 수 있다.
- 삽입된 팩이 찢어진 경우에는 재시공해야 한다.
- 호퍼에서 팩으로 연결되는 부위에서 모래의 투입이 원활하지 않은 경우가 있으므로 세심히 살펴야 한다.

라. 플라스틱 보드 드레인(PVD 또는 PBD)공법

PVD공법은 모래 대신에 플라스틱 코어와 필터재로 이루어진 드레인보드를 지중에 삽입하여 수평방향의 압밀배수거리를 단축시켜 압밀침하를 촉진시키는 목적으로 시행하는 공법이다. 플라스틱 드레인 보드는 부직포 필터와 배수공간을 확보할 수 있는 코어부로 구성되어 있으며 배수원리는 간극수가

그림 4.18 ● PVD의 시공

필터를 거쳐서 내부 코아의 배수구를 통하여 상부로 쉽게 배출되도록 한 것이다.

배수재의 직경이 적어 원지반을 교란시키지 않고 소음 진동이 없어 도로 경계부 인근가옥의 피해가 우려되는 지역에 시공시 유리한 공법이며 시공장비가 경량이기 때문에 샌드드레인 시공이 불가능한 초 연약지반에서도 시공이 가능하다. 그러나 장기간 사용시 측압 및 압밀의 영향으로 배수효과가 다소 감소하는 등의 문제가 있다. 타입방법은 주로 멘드렐 타입방식이 이용되며 압입 또는 진동에 의해 타입한다. 케이싱 인발시 드레인 보드가 따라올라오지 않도록 선단부에 앵커 플레이트를 끼우고 적정깊이까지 관입하여 인발한 후 샌드매트 상단에서 충분한 길이를 남기고(30cm 이상) 드레인 보드를 절단하면 시공이 완성된다. 여타의 연직배수재에서 유의사항을 준수하면 문제가 없고 다만, 시항타시 관입심도를 정확히 확인하기 위해 지중에 삽입될 드레인 보드에 심도표시를 하여 심도계의 기록과 비교하여 확인해야 한다.

4.4 성토의 시행

가. 단계성토

연약지반상의 도로성토시에는 지반의 지지력이 매우 낮아 계획된 높이까지 일시에 성토를 하는 것은 곤란하다. 따라서, 일정기간 성토와 방치를 반복하면서 각 단계성토에서 압밀에 의한 강도증가를 기대하여 소요의 강도증가가 발생한 경우 다음 단계의 성토를 진행하는 방식으로 최종 계획된 성토고를 완성하는 '단계성토'를 실시한다. 실시설계 당시의 '단계성토계획'은 시공 중 전단파괴 등이 발생하지 않고 안전하게 시공하면서 지반이 일으킬 수 있는 충분한 침하를 발생시켜서 공용 후 발생할 수 있는 잔류침하를 최소화하도록 되어있다. 그러나 실제 성토시공은 설계대로 시공되기는 어렵고 그 시간과 과정이 다소 차이가 날 수 있다. 특히, 방치기간은 지반조건에 따라 설계와 상이할 수 있으므로 계측결과로부터 장래침하량 추정기법 등을 이용하여 침하의 경향을 분석하고 강도증가 확인을 위한 소정의 관리시험을 실시하여 확인하는 것이 좋다. 노상성토가 완료된 이후 포장시공 전에는 압밀도와 잔류침하에 대한 충분한 검토가 반드시 필요하다. 일반적으로 연약지반상의 성토시공에서는 지반조건이 허용하는 한(전단변형이나 활동이 발생하지 않는) 조기에 계획된 성토고까지 성토를 하는 것이 침하관리에는 유리하나 안정관리상 문제가 발생할 수 있으므로 설계 성토속도를 준수하되 필요에 따라 계측결과 분석과 전문가의 검토의견을 종합하여 합리적으로 조정할 수 있다.

나. 토공의 관리

성토 작업은 연약지반 상에 균등한 하중이 가해지도록 전폭에 걸쳐 성토작업이 이루어져야 하고, 양질의 토사를 이용하여 한 층의 다짐두께는 30cm를 넘지 않도록 해야 하며 충분한 다짐을 실시해야 한다. 다짐시에는 성토재료의 함수비 관리, 다짐밀도 등에 특별한 주의를 기울여야 한다.

① 준비공
- 규준틀과 토공포스트는 측량성과에 의해 정확하고 견고하게 시공해야 하며 시공과정에서 이동하는 경우가 있으므로 수시로 측량하여 확인하는 것이 좋고 특히 매설된 계측기가 손상되지 않도록 주의해야 한다.

② 성토계획 및 시공
- 성토작업은 계획에 의거 일일작업량, 작업구간을 정하고 계획적으로 장비배치, 흙의 반입, 포설, 다짐, 관리시험등 체계적이고 정연한 과정으로 진행되어야 한다.
- 성토공사에서 종종 발생하는 문제는 작업로와 토취장 문제인데, 사전에 충분한 토취장을 확보하는 것이 매우 중요하며 작업로, 진출입로가 확보되지 않아 성토가 불가능한 일이 발생하지 않도록 사전에 치밀한 계획과 대책을 강구해야 한다.

③ 다짐 및 다짐도 시험
- 다짐시험 성과에 의한 최적함수비, 포설두께, 다짐회수, 다짐도 등을 철저하게 관리해야 한다.
- 과도한 함수비 등에 의한 스폰지 현상이 발생하지 않도록 주의하고 기 발생

한 구간은 30cm 이상 긁어 재다짐하거나 양질의 토사로 치환해야 한다.

- 같은 토취장에서 반입되는 성토재료라 하더라도 그 성상이 매우 다를 수 있으므로 함수비가 높거나 불량한 재료가 한 곳에 집중적으로 성토되지 않도록 양질의 토사와 혼합하는 등의 조치를 취해야 한다.
- 현장 들밀도 시험, 평판재하시험, 노상면 Proof Rolliing 등의 시험법을 사용할 수 있다.

④ 노면배수

- 성토 중앙부의 침하가 단부보다 큰 것이 보통이므로 4 ~ 5%의 구배를 형성하여 노면배수를 원활히 해야 한다.

⑤ 성토법면

- 성토법면은 최종성토시 침하로 인해 정해진 구배를 만족하지 못하여 덧붙이기를 실시하는 경우가 많으므로 미리 이를 고려하여 여유폭을 두는 것이 좋다.
- 성토법면은 강우나 침투수 등에 의해 연약해지기 쉽고 유실 등이 발생하기 쉬우므로 특별히 양질의 토사를 사용하면 좋고 토사다이크, 가도수로 등을 일정 간격으로 설치하고 수시로 법면다짐을 실시해야 한다.

성토속도는 지반의 성질, 개량공법 등에 따라 다르나 보통 3 ~ 10cm/일 정도가 적용된다. 연약지반에서 전단파괴 등의 사고는 급성토에 의한 것이 많으므로 성토속도와 층다짐 두께는 반드시 철저히 준수해야 한다. 특히 인접 구간에서 유용하는 구간에서는 특별한 주의가 필요하다. 다만, 현장여건에 따라 계측결과를 분석하여 합리적으로 조정할 수 있다. 현장에서 다짐두께를 조절하기 위해 침하봉 등에 표시를 하는 등의 간이적인 방법도 효과적이다. 한 단계 성토 및 방치가 완료되면 지반조사를 실시하여 강도증가를 확인하고 장래 침하량 추정 등을 통해 압밀도를 산정하여 규정된 압밀도 이상일 경우에는 다음단계 시공을 한다. 성토 중 및 방치 중에는 성토 및 계측계획을 수립하여 성토 전후에 계측을 실시하고 지반 거동 상태를 확인 후 안정하다고 판단되면 주변 지반 이상유무 및 균열발생 여부를 확인하여 다음 성토를 실시하여야 하며 이상 징후 발견시 즉시 성토를 중지하고 적절한 조치를 취하여야 한다. 공구별 접속구간에 대해서는 연약지반처리, 성토일정, 성토고가 너무 크게 차이나지 않도록 사전에 성토계획을 협의하는 것이 바람직하다. 지반이 매우 연약하거나 특수한 조건의 지반(기반의 종방향 경사, 매우 예민한 점토 또는 실트 등)에서는 성토고 차이에 의해 부등침하, 활동 등이 발생할 수도 있으므로 충분한 검토가 필요하다.

4.5 구조물의 시공

연약지반상에 설치된 교대와 횡단구조물인 암거, 배수관은 잔류침하로 인한 균열 및 파손과 지반의 부등침하발생으로 인한 구조물 내의 응력집중 및 비틀림 응력 발생, 특히 중앙부의 침하로 인한 수로의 역할에 지장을 초래와 많은 민원을 야기하게 되므로 시공시 철저한 검토와 대책이 요구된다. 연약지반상의 구조물(교대, 통로박스, 횡배수관 등)의 시공은 구조물에 유해한 잔류 변형을 최대한 억제하기 위해 계획된 성토고(여성토 포함)까지 성토하여 방치한 후 충분한 압밀과 강도증가가 발생한 후에 진행되어야 한다. 이런 이유로, 교대 및 지중 횡단 구조물의 시공시에는 장래 침하를 예상하여 더올림을 고려할 수 있다. 횡단구조물 시공부위는 원칙적으로 연약지반처리 완료 후 시공하여야 한다. 구조물 시공이 완료된 후 뒤채움은 품질기준에 적합한 재료를 사용

그림 4.19 ● 연약지반 위 파형강관 횡단 배수로 시공

하고 다짐두께와 다짐밀도 관리에 특히 주의해야 한다. 일반적으로 구조물과 성토부의 접속부에서는 부등침하가 발생하게 되는데 그 원인은 대략 다음과 같다.

- 선행재하가 미달하여 추가적인 하중에 의한 뒤채움부의 침하
- 뒤채움부의 다짐불량으로 인한 침하, 배수불량

4.6 교대의 측방이동

교량의 상부 구조물을 지지하는 교대는 수평토압으로 인한 전도, 활동 및 지지력에 안전하도록 설계되어야 한다. 일반적으로 교대의 측방이동이라 함은 연약한 점성토 지반상의 성토하중 또는 편재하중에 의해 지반이 측방유동을

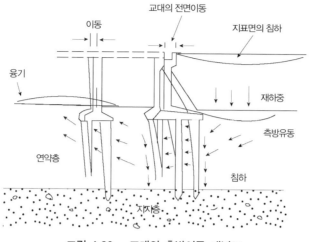

그림 4.20 ● 교대의 측방이동 개념도

일으키고 이로 인해 구조물에 큰 변위 및 경사가 발생하는 현상을 말하며, 도로의 선형계획에 따라 연약지반상의 교대설치시 배면성토에 의한 편재하중으로 인한 지반의 측방유동이 발생하게 된다. 따라서 교대에 설계치 이상의 과다변위가 발생하므로 교량의 구조적 기능유지가 곤란하게 되므로 설계단계부터 검토방안이 강구되어야 한다.

이러한 측방이동에 의한 피해로는 다음과 같은 것이 있다.

- 슈의 파손 및 슈받침 탈락: 교대의 교축방향의 수평변위가 말뚝에 의해서 억제되기 때문에 연결부인 받침부의 파손, 받침부의 콘크리트 파괴 또는 탈락 발생
- 신축이음장치 기능저하: 가동슈 또는 고정슈에서 슈부분이 파손한 경우 신축이음장치의 유간이 좁아져서 극단적인 경우 완전히 유간이 없이 붙고, 유간이 너무 벌어지는 등 신축이음부의 기능저하 발생

- 주형과 교대 흉벽의 접합
- 교대기초의 파손

가. 측방이동의 원인과 판정방법

현재까지 측방이동의 원인으로는 1) 교대형식 2) 연약층의 전단강도 3) 연약층의 두께 4) 교대배면 성토고 5) 기초 형식 등이 측방이동에 영향을 미치는 인자로 알려져 있고, 측방유동압이나 측방유동 및 교대의 측방이동을 정확히 예측할 수 있는 방법은 없다. 다만, 교대의 측방이동을 판정하는 방법에는 여러 가지 방법이 제안되어 있으며 그 내용은 다음과 같다.

① 측방유동지수(F지수)
② 교대측방이동 판정지수(I_L 지수) 및 수정 교대측방이동 판정지수(M_{IL} 지수)

그림 4.21 • 교대의 측방이동 사례

③ 원호활동 안정계산($F_s > 1.5$)

④ 유한요소해석법

상기의 방법으로 사전에 충분한 검토를 통해 교대의 측방이동이 우려되는 경우에는 적절한 대책을 수립해야 하며 시공 중에도 계측을 통해 이를 주의 깊게 관찰하여야 한다.

나. 교대변위 대책공법

교대변위 대책공법에는 여러 가지가 있으며 시공성, 경제성, 현장여건을 고려하여 최적의 공법을 선정해야 한다. 현재까지 실적이 많고 비교적 효과도 양호한 것으로 알려진 것으로는 다음과 같은 것이 있다.

- 선행재하 및 여성에 의한 지반강도 증진
- 교대 배면 및 전면 보강공법(SCP 공법, SIG공법 등)
- 뒤채움 하중 경감 공법(경량성토재, EPS 공법, 중공구조물 등)
- 구조물에 의한 방법(Pile Slab 공법 등)
- 기타(어프로치 슬라브 연장, 압성토 등)

상기 공법은 단일 또는 병용되는 경우가 많으며 어느 공법이나 확실한 대책은 될 수 없으며 계측관리와 정밀시공을 통해 측방유동압의 발생을 최대한 억제할 수 있도록 해야 할 것이다. 한편, 공용 후 뒤채움부의 침하에 의한 공동발생에 대비해 미리 그라우팅 등을 위한 주입구를 설치해 두면 유지관리시 효과적으로 활용될 수 있으며 교대부에 설치된 계측기는 가급적 공용시까지 잘 관리하여 공용후에도 계측이 가능하도록 하는 것이 좋다.

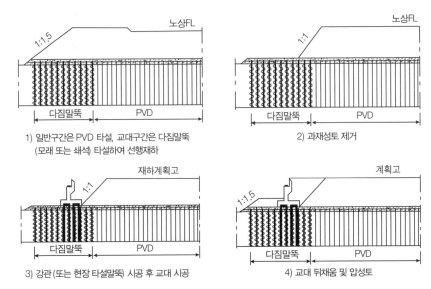

1) 일반구간은 PVD 타설, 교대구간은 다짐말뚝
(모래 또는 쇄석) 타설하여 선행재하

2) 과재성토 제거

3) 강관 (또는 현장 타설말뚝) 시공 후 교대 시공

4) 교대 뒤채움 및 압성토

그림 4.22 ● SCP 공법을 적용한 측방유동 방지대책 사례

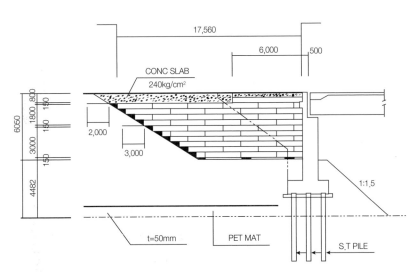

그림 4.23 ● EPS 경량성토를 이용한 측방유동 방지 사례

다. 시공시 유의사항

- 교대부의 연약지반처리는 절대공기 지배 요소이므로 최우선하여 처리 하여 압밀침하량이 최소화되도록 시공
- 교대 앞채움부 시공을 병행하여 측방유동 방지
- 교대변위에 관련한 계측기기 설치 및 관리 철저
- 굴착시기는 가능한 우기를 피하고 굴착사면은 유실이 되지 않도록 보호
- 교대기초 시공을 위한 터파기시 굴착된 토사가 교대 배면에 야적되지 않도록 할 것

chapter 05

성토안정관리

5.1 개요

계측에 의한 성토안정관리는 연약지반 공사 시행 중에 예기치 못한 지반거동을 조기에 인지하거나 미리 예측하여 연약지반 상의 성토공사에서 발생하는 문제점에 대해 신속하고 적극적으로 대책을 수립하고 설계 및 시공에 피드백(feedback)하여 정보화 시공 체계를 확립하고 건설공사의 안전성 확보 및 질적 향상을 도모하기 위한 것으로 침하안정관리, 성토안정관리 등이 주요 대상이다.

- 공사 중 불안정한 요소를 조기에 인지 및 예측하여 대책수립
- 장기간에 걸친 계측자료를 분석하여 현장시공에 피드백 하여 성토구조물의 안정성과 품질향상 및 경제성을 도모
- 예기치 못한 지반거동 발생 시, 그 원인을 규명하여 신속히 대책을 수립
- 정보 부족으로 인한 설계상의 미비점을 시공 중에 발견하고 조기에 제거

5.2 계측기 종류와 항목

계측관리를 위해 매설되는 계측기는 계측 목적에 따라 지표침하판, 층별침하계, 경사계, 간극수압계, 지하수위계 등이 있으며 각각의 계측성과는 성토안정관리에서 매우 중요한 역할을 하므로 매우 신중하게 선정하고 관리하여야 한다.

표 5.1 · 계측기의 종류와 목적

항 목	계 측 기	목적 및 자료활용	관련 기술 사항
침 하	침하판 층별침하계	• 시공기간내의 전 침하량 측정 • 침하양상, 부등침하 발생 파악 • 최종침하량 및 잔류침하량 추정 • 사전압밀하중 제거 시기 결정	• 최종침하 추정 • 압밀도 추정 • 장래침하 예측 • 잔류침하
변 위	경사계 (변위말뚝)	• 수평변위 측정, 사면안정검토 • 성토속도 및 시기 결정 • 안정관리	• 사면활동파괴 • 성토의 안전율 • 균열과 융기
수 압	간극수압계	• 과잉간극수압 변화 측정 • 지반처리 효과 확인 • 침하 진행 상황 확인, 안정검토	• 침하진행 • 안정검토
수 위	지하수위계	• 지하수위변화측정 • 과잉간극수압 도출	
교대변위	경사계 (측량)	• 교대변위 측정 • 교대배면 침하	

5.3 계측계획의 수립

가. 설치위치와 수량

연약지반상의 성토시공을 위한 계측관리에서 각각의 계측항목은 지반의 거

그림 5.1 ● 도로성토에서 지반거동과 적정 계측항목

동특성을 고려한 적절한 위치에 배치 및 조합되어야 한다. 〈그림 5.1〉은 지반 거동에 따른 위치별 계측항목을 나타낸 것이다.

계측기 설치 위치와 수량은 지반조사결과 등을 바탕으로 지형적 조건과 목적물의 종류, 크기, 규모 등을 고려하여 매우 신중히 결정하여야 하며, 일반적으로 침하판은 100m 간격으로, 경사계 및 간극수압계, 지하수위계 등은 약 200m 간격으로 설치되는 것이 보통이다. 그러나, 설계시 반영된 계측기 설치 위치와 수량이 다음의 조건을 만족하는지 확인하고, 지형, 지반조사결과, 연직배수재 시공결과 등을 종합하여 불필요한 지점의 계측기를 삭제하거나 취약지점에 추가 또는 현장상황을 고려한 위치조정 등을 실시하여 설계수량이나 설치기준에 의한 일률적인 설치를 지양하고 효율적인 계측관리가 이루어질 수 있도록 사전에 철저히 검토하여야 한다. 특히 간극수압계나 층별침하계와 같이 심도별로 별도의 소자(센서)가 매설되는 계측기는 매설 심도와 소자의 수량을 적절히 조정하는 것이 좋다.

- 성토고가 높고 지반강도가 현저히 낮은 지점
- 대상지역 전체를 대표하는 지점

- 차량이나 장비로부터 보호 및 관리가 용이한 지점
- 전체 지반의 거동을 파악할 수 있는 적절한 간격과 충분한 수량

한번 설치된 계측기는 재매설 또는 추가매설이 어려우므로 계측기 설치계획에 대해서 전문가의 기술적 검토나 의견을 참고하는 것이 좋고 시공 중이라도 위험요소가 발견되거나 계측을 요하는 지점이 있을 경우에는 추가로 계측기를 매설하는 것이 바람직하다.

한편, 계측기를 설치하였더라도 다음의 항목에 해당하는 지점에 대해서는 별도로 '집중관리대상'으로 선정하여 수시로 도보답사를 통한 육안관찰을 실시하여 성토체의 균열 발생, 측구 상태, 주변지반 융기 등을 점검하여 상세하게 기록하여 관리하는 것이 바람직하다. 이때 집중관리대상에는 선정 이유를 명기하여 동태관측의 대상이 무엇인지 정확히 파악하고 있어야 한다.

- 성토고가 높은(H > 10m) 지점
- 연약층의 심도가 깊고 지반강도가 현저하게 낮은 지점
- 지형적 특성상 기반 경사가 우려되거나 확인된 지점
- 편절, 편성 성토 지점
- 하천 인접구간 등 특수한 조건에 있는 지점
- 시공관리상 소홀해지기 쉬운 취약지점

나. 계측기 설치 기준

〈표 5.1〉은 개략적인 계측기 설치기준을 나타낸 것이고 또 〈그림 5.2〉는 성토안정관리를 위한 계측기 매설의 대표적인 예이다.

표 5.2 • 개략적인 계측기 설치기준

계측기명	설치기준	설명
지표침하판	100m 간격	• 좌,중,우단의 3개가 1식이 되도록 설치 • 구조물 부위에서는 터파기를 고려하여 위치 조정
층별침하계	200m 간격	• 연약층이 고심도인 경우 • 층 구분이 명확하여 지층구분에 따라 침하 경향이 차별화되는 지점 • 특정한 지층의 침하를 계측할 필요가 있는 경우 • 각층의 침하가 큰 경우에는 간극수압계의 위치 보정을 위해서 사용될 수 있음
경사계	200m 간격	• 성토체의 좌,우단에 설치 • 가급적 성토체에 접근 • 기반이나 지형이 경사진 지점 • 과도한 변위가 예상되는 지점 • 고성토고, 고심도, 현저히 낮은 지반강도 지점
간극수압계	200m 간격	• 성토체 중앙부에 심도별로 매설 • 가급적 점토층 또는 실트질 점토층 중앙에 매설 • 주상도와 심도를 고려하여 소자개수 조정
지하수위계	200m 간격	• 간극수압계 매설 지점과 일치 • 성토체의 영향을 받지 않은 곳까지 이격하여 설치

기타)
나들목 구간은 선형과 평면을 고려, 중복 또는 누락되지 않도록 합리적으로 조정

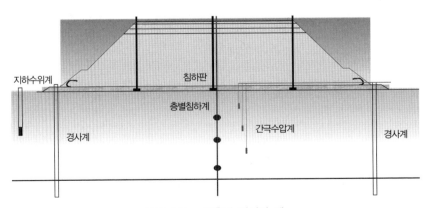

그림 5.2 • 계측기 매설의 예

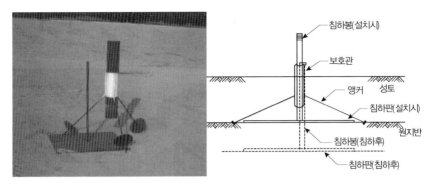

그림 5.3 ● 지표 침하판

그림 5.4 ● 수준 측량에 의한 침하측정 모습

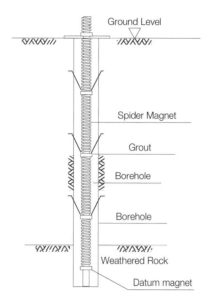

그림 5.5 ● **층별침하계(마그네틱 형식)**

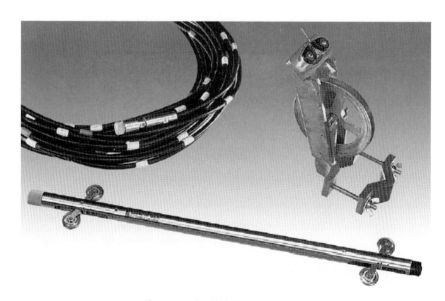

그림 5.6 ● **지중경사계 프로브와 케이싱**

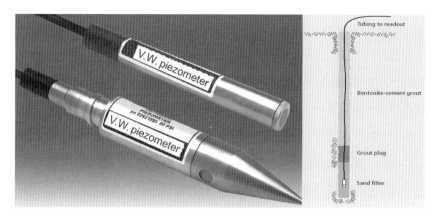

그림 5.7 ● 간극수압계

5.4 계측기 설치

가. 계측기 자재

계측기는 승인된 자재를 이용하여 정확한 위치에 적절한 방법으로 설치되어야 하며, 특히 자재와 설치방법은 계측치의 정확도에 큰 영향을 주는 것으로 승인된 자재를 사용하지 않거나 적절치 못한 방법으로 설치된 계측기는 치명적인 계측 오류를 발생시킬 수 있으므로 자재관리 및 설치에 특별히 주의를 기울여야 한다. 특히 지하수위계, 간극수압계, 경사계 케이싱 등은 그 모양이나 규격이 비슷하여 식별이 어려운 검정되지 않은 유사 자재를 사용하는 일이 없도록 철저한 검수를 실시하여야 한다. 수시로 반입되는 자재를 확인하고 계측에 사용될 계측기(레벨, 각종 readouter)의 정상 작동 여부를 확인해야 하며, 공인시험기관에서 발부하는 검교정 성적서를 제출받는 것이 좋다.

나. 계측기 설치시기

계측기는 가능한 원지반 또는 샌드매트 포설 후 설치하여야 하나 연직배수재의 시공으로 인해 설치가 불가능하거나 망실의 위험이 예상되는 경우에는 연직배수재 시공완료 후에 설치하며 다음 사항을 준수하는 것이 바람직하다.

- 모든 계측기는 성토 실시 이전에 설치되어야 한다.
- 연직배수공법 미적용 구간은 샌드매트 포설직후 계측기 매설을 완료하여야 한다.
- 연직배수공법 적용 구간에서도 배수재 시공 후 2주일을 경과하지 않는 것이 좋다.

다. 설치시 유의사항

각 계측기 별로 다음 〈표 5.3〉의 사항에 유의하여 설치하여야 한다.

라. 유지관리

설치된 계측기는 이후 계측에 필요한 초기치(예: 설치지점의 표고, 초기 읽음값 등)를 측정하여 기록하고 소정의 양식에 의거 '관리대장'을 작성, 관리해야 하며 설치된 계측기의 정상작동 여부를 확인한 후 성토시공을 실시하여야 한다. 이때 경사계 등의 계측기는 매설후 초기치 작업까지 그라우팅의 경화와 지반과의 밀착에 소요되는 시간이 있으므로 이 시간을 충분히 확보할 수 있도록 시공계획을 수립하여야 한다. 각각의 계측기는 대단히 정밀한 기기이므로 충격이나 손상을 받지 않도록 해야 하며 간극수압계는 계측선을 보호관으로 보호하여 성토체 외측의 안전한 곳으로 유도해야 한다. 설치된 계측기는 경고문과 계측에 필요한 기초정보(위치, 설치일자, 설치 지반의 지반고, 초기치,

표 5.3 ● 계측기 설치시 유의사항

계측기명	유의 사항
지표침하판	• 원지반 또는 PP 매트 상부를 노출시켜 매설 후 다짐 • 침하봉과 보호관의 연직을 유지하도록 조치 • 적절한 재질의 보호대와 보호관 및 두껑을 사용
층별침하계	• 매설 전 해당 지점의 정보(층후, 지층구성 등)을 정확히 파악 • 회전수세식 장비를 이용 • 지지층(풍화암 1m 이상)은 확실한 부동점이 조치 • 계획한 정확한 위치에 소자 설치 및 심도 기록 유지
경사계	• 경사계 설치 전에 측구를 완성해야 함. • 회전 수세식 장비를 이용하여 굴착(지반교란 최소화) • 풍화암 1.5m 이상의 심도에서 확실한 부동점 확보 • 케이싱이 지반과 완전히 밀착하도록 수차례 그라우팅 실시 • 케이싱의 홈과 제체의 종, 횡단이 정확히 일치하도록 조치하고 홈이 뒤틀어져서는 안 됨 • 충분한 시간을 갖고 수차례에 걸쳐 초기치 설정 • 이물질 투입을 방지하고 동결로 인해 파손방지
간극수압계	• 회전 수세식 장비를 이용하여 천공 • 매설위치의 배수조건, 층후, 토질특성을 검토 • 점토층 또는 실트질 점토층에 소자가 위치하도록 조치 • 정수압을 이용하여 간극수압계 정상작동 확인 • 소자 설치 후 모래 및 벤토나이트 채움 확인 • 지반침하 등을 고려하여 측정선의 여유를 둠
지하수위계	• 성토체의 영향을 받지 않도록 가급적 이격 설치(30~50m) • 회전수세식 장비로 약 5m까지 천공하여 설치

설치심도, 일련번호 등) 등을 기록한 표지판을 설치하여 장비 등으로 인한 파손을 방지해야 하며 망실시에는 즉각 보수 또는 재설치하여 성토안정관리에 공백이 발생하지 않도록 해야 한다.

연약지반 계측지점

○○○ 고속도로 00-00구간 / STA. 0+000

계측기 명 : 지표침하판
수량 : 3 EA
초 기 값 : 상행 EL.○○.○○,중앙 EL.○○.○○,하행 EL.○○.○○

경고문
본 지점은 연약지반 계측지점으로, 작업시 감독관의 허가가 필요하며
계측기를 손상시킬 경우 처벌을 받을 수 있습니다.
감독관실 연락처(000-000)

그림 5.8 ● 설치 경고문의 예

5.5 계측빈도

성토중과 방치중에는 특별시방서 등에 명시된 계측빈도를 준수해야 하며 성토에 따른 지반의 전체적인 침하거동과 변위 발생 경향 등을 파악할 수 있는 빈도로 계측해야 한다. 특히, 성토 중에는 계측이 누락되지 않도록 해야 하며 모든 계측은 1식으로 동시에 하는 것이 바람직하다. 장마나 태풍시에는 강우에 의해 침하나 수평변위가 증가하는 경우가 많으므로 강우 직후 계측을 실시하여 이상 유무를 확인해야 한다. 계측결과 지반의 이상거동이 발견될 시에는 즉시 성토를 중지하고 반복계측을 통해 오계측 여부 또는 이상 유무를 확인하고 지반이 안정된 후 성토작업을 실시해야 한다. 사전에 협의를 통하여 시공계획에 의거 인원동원 및 계측일정 등을 상세하게 기록한 체계적인 '계측계획'을 수립하여 정연한 체계를 갖추는 것이 매우 중요하며, 연약지반에서 시행하는 주요 계측항목은 시간 의존적 값들이 대부분이어서 한 번 놓친 계측은 두 번 다시 시행할 수 없으므로 이 점 유의해야 한다. 계측값은 개인오차가 포함

표 5.4 • 계측빈도의 대표적인 예

계측항목	계측빈도			
	성토중	방치중		
		최초 1개월	1~3개월	3개월 후
층별침하계 간극수압계 지하수위계	1회/3일	1회/1주	1회/2주	1회/1월
지표침하판	1회/1일	1회/3일	1회/1주	1회/1일
경 사 계	1회/1일	1회/3일	1회/1주	-

될 가능성이 매우 커서 가급적 동일 지점의 동일 계측기에 대해서 동일인이 계측하는 것이 오차를 줄일 수 있다. 계측팀의 운용은 정해진 절차와 방법에 의거하여 시행하되, 계측관리자는 반드시 경험과 지식을 갖춘 기술자로 하는 것이 좋다. 지금까지의 경험으로 볼 때, 전단파괴시 대부분은 파괴 전에 징후가 나타나며 계측은 했더라도 사전에 이를 인지하지 못했거나 통보하지 않아 신속한 대책을 수립할 수 없어 일어난 것을 볼 때 체계적인 계측팀의 운용이 매우 중요하다고 할 수 있다. 계측팀의 운용은 구간의 연장과 계측기 매설수량을 고려하여 충분한 인원으로 구성해야 한다. 적정 인원의 계측팀이 구성되지 않을 경우, 동시에 많은 량의 토공이 진행되면 계측이 누락되거나 계측빈도가 현저히 떨어질 수 있다. 특히 경사계 등은 계측에 소요되는 시간이 길고 오계측 등이 자주 발생하므로 일일 일정 개소 이상 계측하기는 어렵다. 현재까지 경험으로, 원활한 계측관리를 위해서는 〈그림 4.3〉의 예와 같은 정도의 인원 구성이 필요한 것으로 판단된다. 계측팀의 구성은 총괄 및 분석업무를 담당하는 중급기술자 1인과 현장 계측팀(총 5인 1조 : 2인 1조의 침하계측팀, 경사계 및 기타 계측을 담당하는 3인 1조의 계측팀)으로 구성된다. 해당 구간의 연장이 길거나 매설수량이 많을 경우에는 별도의 5인 1조를 추가하는 것이 바람직하다.

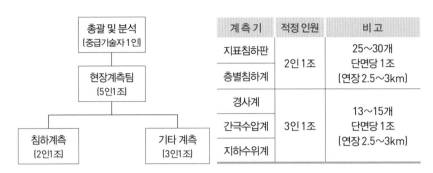

계측기	적정인원	비고
지표침하판	2인1조	25~30개 단면당 1조 (연장 2.5~3km)
층별침하계		
경사계	3인1조	13~15개 단면당 1조 (연장 2.5~3km)
간극수압계		
지하수위계		

그림 5.9 ● 계측팀 구성 및 적정인원

표 5.5 ● 각 계측기별 계측관리시 유의사항

계측기명	유의사항
지표침하판	• 정확한 매설과 초기치 설정 • 계측을 위해 설치한 가BM의 이동 여부 수시 확인 • 성토고에 따른 침하봉 연장, 보수 및 재매설시 반드시 보정
층별침하계	• 지표침하판과 동일한 빈도로 계측 • 성토에 따른 보호관 연결시 반드시 기준값 보정 실시
경사계	• 케이싱의 변형이나 유동여부 확인 • 프루브의 이상유무와 프루브 케이싱의 홈에서 이탈 여부 확인 • 동일인이 동일 장비로 계측 • 초기치 설정시의 심도와 이후 계측시의 심도변화 수시 확인 　(매설 후 슬라임 등으로 인해 심도가 변하는 일이 종종 발생함) • 오계측 확인시 즉시 재계측 • 해안 연접구역일 경우 조수간만의 영향 여부 확인
간극수압계	• 반드시 지하수위계와 병행 계측 • 이상계측 발견시 즉시 검토 및 조치 • 최소한 해당 매설지점의 정수압이 발생하는지 확인 • 성토고에 따른 간극수압의 변화 확인
지하수위계	• 계측치가 성토고나 기타 기상조건, 지형조건의 영향

　　계측관리에서 중요한 사항은 초기치 설정, 적절한 매설방법과 시기, 정확한 계측 등이며 각 계측항목별 유의사항을 〈표 5.5〉에 정리하였다.

5.6 계측관리

5.6.1 침하관리

침하관리에서는 시공 중 및 공용 후에 발생하는 침하의 경시변화를 분석하여 성토하중에 따른 침하 진행상황 확인과 안정하고 효율적인 단계성토 시공을 위한 압밀도를 추정, 연약지반 처리공법의 적용 효과, 부등침하와 잔류침하에 의한 피해에 대한 보완 대책수립 등을 위해 실시한다. 침하관리는 후술할 안정관리와 밀접한 관계가 있기 때문에 침하관리에서는 항상 안정관리를 염두에 두고 진행해야 한다. 침하안정관리에서 주안점은 다음과 같다.

① 압밀대상층의 침하량을 추정, 압밀 진행 상황을 파악, 각 층에서의 압밀도 추정
② 각 성토 단계별 시간-성토-침하 관리 및 성토공정(성토속도, 성토고 등)에 반영
③ 연약지반 처리공법에 의한 압밀촉진효과 확인
④ 잔류침하 및 구조물에 유해한 부등침하를 추정하여 이에 대한 보완대책 수립

가. 이론침하와 실제침하

설계시 계산된 이론침하는 부족한 지반정보와 '지반-성토조건'의 모델화와 '압밀방정식'의 적용 과정에서 유발되는 오차 등을 내포한 값이다. 따라서, 계산된 이론침하는 시공과정과 복잡한 지반조건을 반영한 실제침하와는 다르다. 〈그림 4.4〉는 이론침하와 시공중 발생하는 실제침하와의 차이를 설명한 것이다.

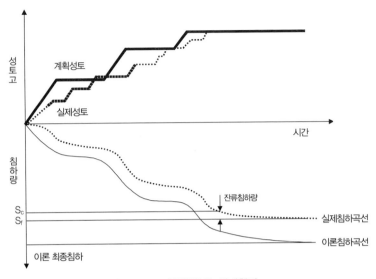

그림 5.10 ● 이론침하와 실제침하

나. 장래침하량 추정방법

장래침하량 및 잔류침하량을 추정하는 방법에는 여러 가지가 있으며 한 가지 방법만으로 정확한 값을 추정하는 것은 곤란하고 침하계측자료, 성토상황, 간극수압 경시변화 등을 종합적으로 검토하여야 한다. 일반적으로 시간-침하 관계의 도형적 법칙에 의해 추정하는 방법이 많이 사용되고 있으며 쌍곡선법(Hyperbolic Method), 아사오카법(Asaoka Method), log t법, Monden법 등이 있고 다음과 같은 2가지 방법이 가장 많이 사용된다.

① 아사오카법(Asaoka Method): 아사오카법은 Mikasa의 1차원 압밀방정식으로부터 유도된 것으로 도형적으로도 설명이 가능하며 다음과 같은 모델을 사용한다.

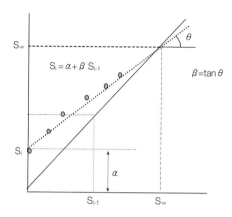

그림 5.11 ● 아사오카 방법에 의한 장래침하량 추정

② 쌍곡선법(Hyperbolic Method): 이 방법은 시간에 따른 침하의 발생경향이 경험적으로 쌍곡선 함수적으로 감소한다는 원리를 적용한 것으로 다음과 같은 모델을 사용한다.

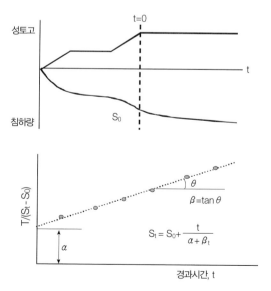

그림 5.12 ● 쌍곡선방법에 의한 장래침하량 추정

다. 장래침하량 추정기법의 신뢰성

현장 계측자료를 이용하는 장래침하량 추정기법은 현재까지의 경험과 실적에도 불구하고 정확한 예측이 어려운 실정이다. 최근 이들 장래침하량 추정기법의 신뢰성을 평가하려는 노력이 몇몇 연구자들에 의해 이루어지고 있으며 예측기법 자체의 특성은 물론 다양한 조건에서 예측기법 및 상호간의 신뢰성이 그 대상이 되고 있다. Asaoka법의 경우 무처리지반에서는 초기에는 다소 과소한 값으로 예측이 되나 압밀도 60% 이상에서는 거의 정확한 추정이 가능하며 연직배수재 처리지반에서는 초기부터 거의 정확한 예측이 가능하였다. 쌍곡선법을 무처리지반에 적용할 경우 압밀도가 약 50% 이하에서는 최종 침하량을 작게 평가하는 경향이 있으며 약 70~80%를 중심으로 다소 과다한 예측이 되다가 압밀도가 100%에 근접하면서 정확한 예측이 가능했고 연직배수재 처리지반에서는 초기부터 최종 침하량을 크게 예측하다가 압밀도가 증가할수록 점점 100% 압밀도에 접근하는 것을 알 수 있었다. 따라서 쌍곡선법은 무처리지반에, Asaoka법은 연직배수재 처리 지반에 더 적합하다고 하였다. 한편, 이 신뢰성 평가기법을 현장계측 자료와 실내시험 결과와 관련하여 분석한 결과에서도 같은 결과를 얻을 수 있었고 특히 쌍곡선법은 지반의 압밀조건(배수조건 등)에 따라 예측결과에 상당한 차이를 준다고 하였다. 그러나 연직배수재 처리지반에서 얻은 실측자료를 이용하여 장래침하량을 추정한 결과, Asaoka법에 의한 추정압밀도가 쌍곡선법보다 10~20% 정도 크게(장래침하량은 작게) 나타났으며 이는 장래침하량 추정결과의 신뢰성은 지반의 압밀조건에 지배되는 것으로 나타났다고 했으며 두 방법 중 Asaoka법이 예측결과의 안정성에서 쌍곡선법보다 뛰어나다고 한다. 장래침하량 예측기법에 의한 추정 압밀도는 이렇게 분석기법 그 자체의 특성뿐만 아니라 지반의 압밀조건 등에 따라 상당한 오차를 내포할 수 있으므로 주의해야 한다. 〈그림 5.13〉은 쌍곡선법으로 예측한 장래침하량이 어떻게 오류를 내포할 수 있는지를 보여주

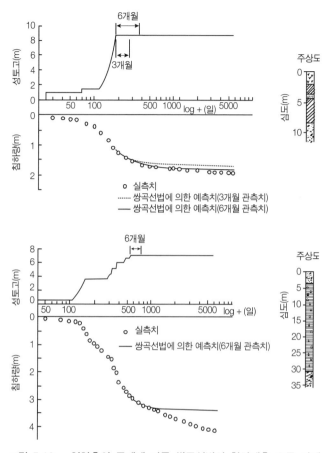

그림 5.13 ● 연약층의 두께에 따른 쌍곡선법의 침하예측 오류 사례

는 사례이다.

　이 외에도 분석에서 시간간격의 문제 등 다양한 문제들이 있으나 최근에는 계측자료에 내포한 오차와 분석자의 주관적 판단에 의한 임의적 자료의 가공의 개연성을 최소화하고 객관적이고 안정적인 분석을 위해 통계적인 기법을 동원하려는 노력이 진행되고 있다.

5.6.2 안정관리

성토안정관리는 계측자료를 통해 연약지반상에 성토구조물 축조시 기초지반의 과도한 변형과 파괴를 미연에 방지하고 계획공정에 따라 기초지반과 성토체의 안정을 유지하면서 성토를 시행하기 위해 실시한다. 성토안정 관리기법은 여러 가지가 있으나 관측이나 정성적인 자료를 이용하는 방법과 정량화된 관리기준을 이용하는 방법 등이 있으며 실용적으로 많이 사용되는 방법에는 침하와 수평변위의 비에 의한 방법(S-δ 법), 침하와 수평 변위의 관계에 의한방법(S-δ/S법), 수평변위속도에 의한 방법(Δδ/Δt-t법) 등이 있다. 성토안정관리는 상기에서 설명한 방법 외에도 과잉간극수압의 경시변화, 침하거동, 수평변위의 심도별 양상 등의 계측결과와 현장의 시공상황 등을 종합적으로 비교, 검토하여 안정여부를 판단해야 하며 한 지점의 특정 계측값에 얽매이지 말고 이 값이 대표성을 가지고 있는지를 정확히 판단하는 것이 중요하다. 이러한 판단은 고도의 전문지식과 판단이 요구되므로 전문가의 조언을 참고하는 것이 좋다. 뿐만 아니라, 수시로 현장을 답사하여 성토체의 이상유무, 배수측구 상태, 주변지반의 융기 등을 관찰해야 한다. 연약지반의 거동이 안정한 상태인지 여부를 정확히 판단하는 것은 어려운 일이지만 불안정성 상태의 정성적인 현상으로서 다음과 같은 사항을 들 수 있다.

① 성토체 및 법면에 균열(crack)또는 실균열(hair crack)이 발생한다.
② 성토 중앙부의 침하가 급격히 증가한다.
③ 양단의 수평변위가 급격히 증가한다.
④ 제체 외측 지반에 융기가 발생한다.
⑤ 성토를 중지해도 상기의 현상과 함께 지반내 간극수압이 점점 상승한다.

만약, 불안정한 것으로 판단되는 경우에는 즉시 성토를 중지하고 계속적인 계측을 실시하여 지반이 안정될 때까지 기다려야 하며 방치 중일 경우에는 신속히 전문가의 검토 등을 통해 대책을 강구해야 한다. 특히 전단균열 등이 발생하였을 때는 균열로 우수의 유입을 방지하도록 비닐 등으로 덮고 전문가의 검토를 거쳐 필요한 조치를 취해야 한다. 성토안정관리에서의 주안점은 다음과 같다.

- 지반의 변형량과 변형속도를 계속해서 상세하게 측정 및 분석
- 지반내 간극수압의 경시변화로부터 압밀의 진행상황 및 불안정 요소 인지
- 각종 계측자료를 종합하여 현재의 성토상태가 안정한지 여부를 검토하고 불안정한 경우에 그 정도에 따라 성토속도 지연, 중지, 성토 일부 제거 등의 대책 강구

가. 관측 및 정성적인 방법

① 침하량 관측결과: 침하량의 경시변화가 일정한 값으로 수렴하는지 또는 급격한 증가가 발생하는지 여부로 안정상태를 판단하는 방법으로 파괴시에는 침하량이 급격히 증가하는 경향이 있다.

② 수평변위 및 변위말뚝 관측결과: 수평변위의 경시변화로 지반의 안정상태를 판단하는 방법으로 지반이 불안정하거나 파괴시에는 수평변위 경시변화의 기울기가 급격히 증가하는 경향이 있다.

나. 정량적인 기준에 의한 방법

이 방법은 정량화된 기준값을 이용하여 계측결과가 이 기준값 이내에 있도록 관리하는 방법으로 관리기준값은 다소 경험적인 값이며 성토조건과 지반

표 5.6 ● 안정관리방법

관리법	내 용	특징과 관리의 예
S-δ 법 (Tominaga-Hashimoto 방법)	침하량(S)와 수평변위(δ)를 프롯하여 그 기울기의 증감으로 안정성을 판단하는 방법	• 압밀에 의한 침하와 전단변형의 균형을 쉽게 파악할 수 있고 파괴징후가 빨리 포착됨 • 일반적인 관리 기준값은 $\alpha_2 \geq 0.7$ $\alpha_2 \geq \alpha_1 + 0.5$
S-δ/S 법 (Matsuo-Kawamura 방법)	수치해석과 현장계측결과로부터 얻은 경험적 방법으로 균열이나 파괴시 S-δ/S의 관계가 일정한 기준선에 접근하는 것을 이용	• 성토 전기간에 걸쳐 지반의 거동을 파악하는 데 효과적 • 범위를 벗어나는 지점에서는 해석이 곤란 • 관리 기준값은, $S > a\mathrm{Exp}\{b(\delta/S)^2 - c(\delta/S)\}$
$\Delta q/\Delta \delta$-q 법 (Matsuo 방법)	점증하중에 의한 $\Delta q/\Delta \delta$-q 의 관계를 이용하여 하부의 직선부를 추정하여 파괴하중을 예측하는 방법	• 임의의 성토고에서 현재까지의 계측결과를 바탕으로 한계성토 높이를 추정하는 데 유효 • 관리기준값은, $\Delta q/\Delta \delta \leq 15$ t/m2
$\Delta \delta/\Delta$t-t 법 (Kurihara 방법)	일일 변위속도가 기준값을 초과하면 불안정한 것으로 판단하는 방법	• 변위속도(일변위량)을 쉽게 알 수 있음 • 일반적인 기준값은 $\Delta \delta/\Delta$t $\geq$10~20mm/day

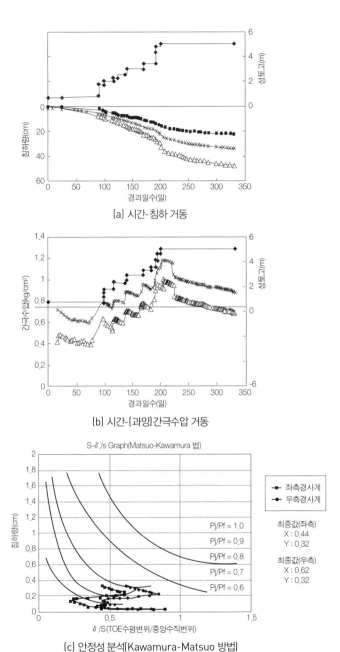

(a) 시간-침하 거동

(b) 시간-(과잉)간극수압 거동

(c) 안정성 분석(Kawamura-Matsuo 방법)

그림 5.14 ○ 성토안정관리 사례(서해안고속도로)

조건에 따라 변할 수 있으며 과거의 경험이나 실적, 시험시공 등을 통해 합리적으로 조정할 수 있다. 이러한 방법에는 여러 가지가 있으나 실용적으로 침하와 수평변위의 비에 의한 방법(S-δ법), 침하와 수평 변위의 관계에 의한방법(S-δ/S법), 수평변위속도 의한 방법($\Delta\delta$/Δt-t법) 등이 많이 사용된다. 〈표 4.6〉은 각각의 방법의 내용과 관리의 예를 도시한 것이다. 이외에도 수평변위량의 경시변화, 전단변형률의 경시변화 등에 의한 방법 등이 있으며 특히 주의해야 할 사항은 상기의 방법에만 의존하면 큰 오류를 범할 수 있으며 현장 육안관찰과 다양한 정보를 종합적으로 분석하여 판단하여야 한다.

chapter 06

유지관리 착안사항

6.1 개요

연약지반 위에 성토 시공된 도로는 공용 후에도 10년~20년 이상 장기간에 걸쳐 침하가 발생하기 때문에 공사가 완료되고 공용을 개시한 후에는 도로가 그 기능을 충분히 발휘할 수 있도록 유지관리를 실시해야 한다. 연약지반상의 도로성토에서는 안정문제보다 공용 후 계속되는 잔류침하 또는 구조물(교대, 박스구조물 등) 접속부의 부등침하 등이 문제가 된다. 유지관리상의 주요한 문제점은 다음과 같다.

- 잔류침하에 의한 잦은 보수(오버레이 등)
- 구조물 접속부 단차와 이에 따른 평탄성 저하
- 구조물과 인접 시설물의 변형, 이에 따른 보수 및 보강
- 도로에 접한 토지의 이용에 제한이 발생하는 문제

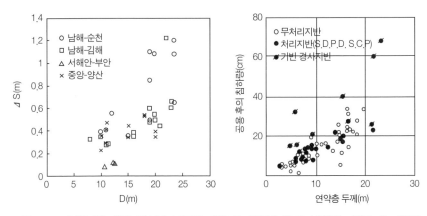

그림 6.1 ● 연약지반 위에 건설된 도로의 개통 후 침하량 발생 사례(좌: 한국, 우: 일본)

6.2 개통 후 잔류침하

연약지반 위에 건설된 도로는 개통 후에도 10년~20년 이상 상당량의 잔류
침하가 발생하는 것이 보통이다. 〈그림 6.1〉은 연약지반 위에 건설된 고속도
로에서 개통 후에 발생한 침하량을 측정한 것이다. 일반적으로 이러한 침하는
장기간에 걸쳐 서서히 발생하기 때문에 이용자가 불편을 느끼지 않도록 적절
한 시기에 보수하는 것이 필요하다.

6.3 구조물 접속부 단차와 평탄성 저하

이용자 측면에서 가장 많은 큰 이슈가 되는 것이 부등침하와 이에 따른 평탄
성의 저하이다. 〈그림 6.2〉와 같이 부등침하는 주로 그 기초가 같이 단단한
지층에 지지되어 침하가 거의 없는 교량이나 지중구조물과 장기적인 침하가
유발되는 토공부의 접속부에서 흔히 발생한다.

그림 6.2 ◦ 교량 접속부의 부등침하 모습(2003)

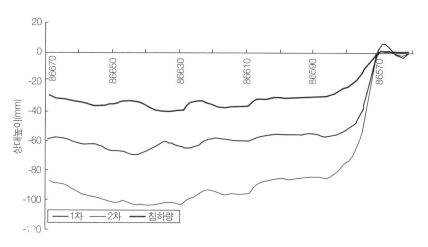

그림 6.3 ◦ 교량 접속부의 부등침하의 측정 사례(2006)

일반적으로 침하는 장기간에 걸쳐 서서히 발생하기 때문에 이용자가 불편
을 느끼지 않도록 적절한 시기에 보수가 필요하다(〈그림 6.3〉 참조). 이를 위

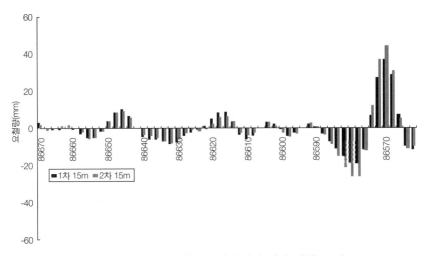

그림 6.4 ● **구조물 접속부에서의 단차 평가 사례(2006)**

해서는 조사, 설계 및 시공시 획득한 모든 지반정보와 계측결과 등을 반드시 확보하여 관리하여야 한다. 연약지반에서 유지관리시 보수의 대상으로 빈도가 가장 높은 것은 부등침하에 의한 단차의 보수이며 보통 덧씌우기가 많이 사용된다. 덧씌우기가 필요한 단차의 크기나 부등침하의 량에 대한 정량적인 기준은 없지만 침하량, 구배의 변화, 노면상황, 주행시 승차감, 진동이나 소음 등을 지표로 삼을 수 있다. 공용 중인 도로에서 침하에 대한 연속적인 측정과 관리는 매우 위험하고 어려우므로 첨단 장비를 이용한 측정과 관리를 모색하는 연구가 지속적으로 진행되어야 한다. 잔류침하에 의한 구조물부와 성토 접속부의 부등침하 발생에 따라 실시하는 포장면 덧씌우기 시공기록은 가능한 한 상세하게 기록, 관리하여야 한다. 시공 중 침하나 안정에 문제가 발생한 지점의 위치나 정보를 파악하여 '관리대장'을 작성하여 이용하는 것이 좋다. 특히 문제 지점에서는 계측기에 의한 관리를 계속해서 실시하는 것이 바람직하며 필요할 경우 추가로 설치하는 것도 고려해 볼 수 있다.

그림 6.5 ● 연동침하에 따른 토지이용 제약 사례: 고속도로와 인접한 비닐하우스의 연동침하

그외에도 다음과 같은 문제점에 주목할 필요가 있다.

- 과거 침하, 안정관리 등에서 문제가 발생한 지점을 중심으로 정기적인 순회 점검을 실시한다. 이때 노면의 부등침하, 포장면 균열, 법면부의 균열 또는 융기 등을 관찰하여야 하며
- 교대측방이동 여부와 계측기가 설치된 경우에는 균열이나 부등침하 또는 이동량의 경시변화를 주시하여야 한다.
- 집중강우, 태풍 등 자연재해 시, 배수계통의 이상 유무(물고임, 법면 도수로 등), 도로인접 지반의 상태, 노면 단차나 균열, 구조물 변동 상황
- 저성토 부에서의 부등침하나 포장 손상
- 횡단구조물 및 교대구조물에서 토공 접속부의 부등침하 또는 공동부 발생 여부

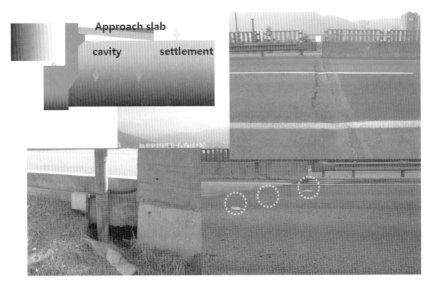

그림 6.6 ● 침하에 따른 접속슬래브 공동화와 포장의 손상

그림 6.7 ● 장기적 침하에 따른 여러 가지 문제점(좌상→우하) :
방음벽 기초의 부등침하, 다이크 증고, 두꺼운 오버레이, 측구 높이 상실로 노면수 도수불량

chapter 07

연약지반에서 시공 중 전단파괴

7.1 개요

　연약지반 상에 도로성토체를 시공할 때, 하부 연약지반이 지지력이 상부의 성토하중을 지지할 만큼 충분하지 못하게 되면 전단활동파괴 또는 균열 등이 발생할 수 있다. 이를 사전에 방지하기 위해 성토하중에 따라 변하는 지반강도를 고려하여 단계성토를 실시하고 활동파괴에 취약한 성토사면부를 보강하거나 보조적으로 토목섬유를 적용하기도 한다. 또 시공 중에는 계측관리를 통해 지반의 안정성을 관리하는 것이 일반적이다. 그럼에도 불구하고 예측하지 못한 현장여건의 변화 등에 따라 전단활동파괴가 발생하는 사례가 있다.

7.2 실제 현장시공중 전단파괴 사례

　과거 연약지반에 대한 인식이 낮았고 지반조사기술과 모니터링을 통한 안정관리기법이 충분히 일반화되지 않았던 시절에는 다수의 전단활동파괴를 경험하였다. 전단활동파괴의 역사는 70년대 ○○고속도로 건설공사 당시로 거슬러 올라간다.

당시 건설지에는 다음과 같은 내용이 기록되어 있다.

"1972년에는 8월부터 11월에 걸쳐 일반 구간과 동일하게 시공된 제2낙동강-죽림강 구간(5.24km) 내 수로암거 11개소에서 구체와 날개벽에 균열이 발생하였는데, 조사 결과 하부 연약지반의 침하가 원인인 것으로 밝혀졌다.

표 7.1 ● ○○고속도로 건설 공사 중 지반의 활동파괴 발생 지점

위치	일시	적용 공법	대책공법
김해 전하동	'73. 6. 21	샌드드레인	압성토(620m)
김해 조만강	'72. 12. 3	샌드드레인	샌드드레인/압성토(450m)
사천 서포면 금진리	'73. 2. 17 / '73. 6. 9	무처리	압성토(1,210m)
하동 진교면 간척지	'73. 6. 12	샌드드레인	압성토(860m)
광양 진월면 망덕리	'73. 7. 11	샌드드레인	압성토(200m)
광양 진상면 금이리	'72. 12. 11	무처리	샌드드레인/압성토(800m)

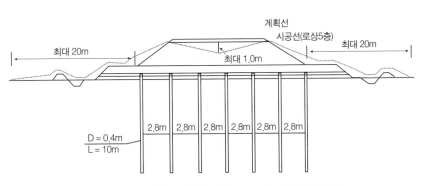

그림 7.1 ● 전단활동 발생 단면(○○고속도로 망덕 지점)

이에 따라 중앙부와 노견부의 부등침하를 감소시키기 위한 대책으로 노견부에 과재성토를 실시하고, 구조물의 균열부는 조인트를 재시공하였다.”

이와 같은 사실들에서 우리나라에서는 ○○고속도로 건설공사를 통해 연약지반에 대한 실질적인 문제들을 접하고, 그 해결방안을 본격적으로 모색하기 시작한 것으로 볼 수 있다. 이 구간들은 1980년대 이후로 진행된 확장공사 도중에도 지반 특성과 기술적 한계(당시에는 30-40m 이상의 대심도 연약지반에 개량심도가 제한적이었음) 등으로 인하여 전단파괴 사례가 빈발하게 된다. 대표적인 사례가 ○○선 확장공사이다. 〈그림 7.2〉와 〈그림 7.3〉은 △△-△○ 구간에서 발생한 대규모 전단활동파괴 사례이다. 그 외에도 홍동육교 구간('94.7.27)과 어방교~ 김해IC육교 구간('94.9.10), 김해IC육교~ 삼정교간의 김해 진입램프 구간('95.4~'96.4에 걸쳐 5차의 균열 발생)에서 전단균열 또는 활동파괴가 발생하였다.

그림 7.2 · 전단활동파괴 전경1 (△△고속도로)

그림 7.3 ● 전단활동파괴 전경2 (○○고속도로)

그림 7.4 ● 연약지반 구간에 빠진 건설장비 (○○고속도로)

그림 7.5 • 전단활동파괴 전경 (○○고속도로) :
성토작업 중 상,하행선 약 150m 구간에서 전단파괴 발생

그림 7.6 • 전단활동파괴 전경 (지방도) : 성토완료 후 약 1주일 후 전단파괴 발생,
파괴연장 100m, 침하단차 4.9m, 인접농경지 약 1.0m 융기 (2,900m^2)

7.2.1 단계성토

일시에 계획한 성토를 시행하는데 지반강도가 부족한 경우, 부분성토와 침하 및 강도증진을 위해 일정 기간 존치를 반복하는 단계성토를 통해 완속 재하한다. 연약지반의 특성에 따라 통상 1~1.5m/월의 속도를 적용한다. 단계성토계획에서 1단계성토고는 지반의 비배수상태의 지지력을 고려하여 한계성토고 이내가 되도록 결정하고 이후의 단계는 압밀에 의한 지반강도 증진을 고려하여 소요의 안전율과 허용 잔류침하 등을 확보하도록 분할한다.

실제 시공에서는 계획된 설계시의 단계성토 계획대로 시공되기보다는 계측결과에 따라 성토속도나 성토고 등을 조정하며 시행하는 것이 일반적이다. 계측한 침하자료로부터 장래침하량 및 압밀도를 분석하여 방치기간을 조정하거나 증가된 지반강도를 고려하여 다음 단계의 성토고를 조정하는 등이 그 대표적인 사례이다.

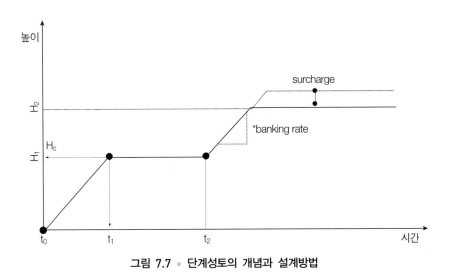

그림 7.7 ● **단계성토의 개념과 설계방법**

7.2.2 설계 성토하중

연약지반은 그 특성상 시공 중 성토하중에 의한 침하와 시공 후의 잔류침하를 피하기 어렵다. 특히 잔류침하는 공용 후 주행성을 심각하게 저하시키고 유지보수비를 증가시키는 등 매우 신중하게 다루어야 할 문제이다. 이러한 잔류침하를 최소화하기 위해서 설계단계에서는 계획된 계획성토고에 교통하중, 침하량 등에 상응하는 하중을 성토고로 환산하여 이를 총성토고로 반영하는 것이 보통이다. 특히 구조물과 성토부의 접속구간 등에서는 반드시 예상되는 최대하중 이상의 과재성토를 시행하는 것이 바람직하다.

7.2.3 활동파괴에 대한 대책공법

지반개량공법은 압밀을 촉진하여 공용 후 유해한 침하를 최소화하고 성토하중을 충분히 지지할 수 있도록 지반강도를 증가시키는 것이 주요한 목적이다. 이를 위해 활동방지를 주로 하는 공법과 압밀촉진을 주로 하는 공법을 조합하여 적용하는 것이 일반적이며, 보조수단으로 PET 매트와 같은 토목섬유

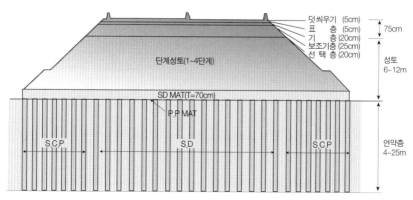

그림 7.8 ● **대표적인 지반개량공법의 조합과 단계성토 예시**

를 사용하기도 한다. 모래다짐말뚝(sand compaction pile)공법은 가장 일반적으로 사용되는 활동방지 대책공법 중에 하나이다.

7.2.4 지반강도증가의 예측

점성토층의 압밀에 의한 강도증가를 기대한 설계를 하는 경우에는 강도증가율이 중요한 지반정수가 된다. 강도증가율은 자연상태에 있는 흙의 비배수전단강도와 흙이 받고 있는 유효상재하중의 비로서 나타낼 수 있으며 대략 0.2~0.4의 범위에 있다. 설계에서는 대체로 다음의 방법이 이용된다.

가. 해당 지반에서 압밀하중에 대응하는 실험에서 구한 비배수전단강도를 도시하여 그 기울기를 강도증가율로 평가하는 방법. 단, 이 방법은 과압밀 점토에서는 선행압밀하중을 이용할 수 있다.

나. 경험적인 관계
$$m(= s_u/s'_{vo}) = 0.11 + 0.0037 I_P \,(I_P 는 \text{ 소성지수})$$

다. 압밀비배수 삼축압축시험을 이용하는 방법
$$m(= s_u/s'_{vo}) = \sin f_{cu} \,/\, (1 - \sin f_{cu})$$

성토하중에 의해 증가된 강도증가는 평균압밀도를 고려하여 다음과 같이 계산할 수 있다.

$$s_u = s_{u0} + m(= s_u/s'_{vo}) \times (g_{fill} \times h_{fill}) \times U$$
여기서, s_{u0}: 원지반의 비배수전단강도
m: 강도증가율, U: 평균압밀도

7.2.5 단계성토에서 지반강도의 증가

선행재하공법의 경우에는 재하하중에 의한 압밀이 완료되기 전에 하중의 일부를 제거하게 되므로 전부를 압밀응력으로 볼 수 없으며 특히 지반 내의 깊이에 따라 강도증가의 크기가 변한다. 따라서, 비배수 전단강도 증가효과를 설계 및 시공에 반영하기 위해서는 선행하중을 재하한 후 현장시험을 통해 비배수전단강도를 직접 평가하는 것이 바람직하다.

포화된 점성토층으로 구성된 연약지반에서 원지반 상태에서는 지지할 수 없는 정도의 큰 성토하중을 안정적으로 지지하기 위해서는 선행재하공법이나 압밀촉진공법을 적용하고 단계적으로 성토와 존치를 반복하여 성토하중에 의한 하부지반의 압밀로 유발되는 비배수전단강도의 증가를 도모하므로 시공관리에 있어서는 이 강도증가의 여부 및 그 크기를 파악하고 다음 단계의 공정을 평가하는 것이 매우 중요한 과정이며, 이는 적절한 시험방법으로 이용한 확인지반조사를 통해 가능하다. 연약지반 단계성토 설계시 강도증가율에 해당하는 정규화 전단강도(normallized shear strength)는 조사 수량과 방법의 한계, 현장 하중조건의 차이 및 설계와 다른 시공 조건 등으로 인해 그 신뢰성이 낮으므로 지반개량효과를 이와 같은 방법으로 확인하는 것을 권장하고 있다.

특히, 계측관리를 통해 시공 중에 지반의 횡방향 변위, 침하, 그리고 과잉간극수압의 변화 등을 이용하여 지반의 안정성을 평가하고 있지만, 계측관리만으로 지반의 전단강도나 기타 지반정수를 실질적으로 평가하는 데 한계가 있으며 이는 오로지 적절한 지반조사 방법으로 통해서만 가능하다고 볼 수 있다. 반대로, 확인지반조사만으로 연약지반의 거동양상을 분석하거나 침하량과 압밀도를 추정하는데는 명백히 한계가 있다. 따라서, 확인지반조사와 계측관리는 상호 보완적인 차원에서 활용되어야 할 것이다. 연약지반 구간에서 지반개량과 단계성토를 통해 성토체 또는 구조물을 시공하는 공사에서는 성토 단계

표 7.2 • 확인지반조사 빈도와 시기

구간	조사시기	조사위치
토공부	성토 이전 성토 단계별 포장체 시공 이전	구간별 1개소 이상 (대표단면 활용)
구조물부	터파기 이전	교량: 교대 설치위치 기타 구조물: 중앙부

별로 하부지반의 강도증가와 공학적 특성의 변화를 파악하기 위한 확인지반 조사를 실시하며, 고속도로의 경우 다음과 같은 기준을 따르는 것이 일반적 이다.

7.2.6 지반조사를 통한 강도증가의 확인

단계성토에 의한 지반개량 효과를 확인하기 확인지반조사는 계측결과에 따라 평균 압밀도가 약 70~80%에 도달하면 실시할 수 있다. 과거 시추조사나 실내시험에 의한 방법이 이용되기도 하였으나 시료 교란 문제와 대표성의 문제, 그리고 비용과 시간의 문제 등으로 그 성과가 다소 제한적이다. 〈그림 7.9〉는 SPT와 실내시험에 의해 강도증가를 확인한 사례로 그림에서 볼 수 있듯이 개량 전후의 강도증가를 뚜렷하게 확인하기 어려운 경우가 많다. 그 대안으로 〈그림 7.10〉과 〈그림 7.11〉과 같이 신뢰성이 높은 원위치시험방법, 즉 콘관입시험이나 현장베인시험에 의한 방법을 이용할 것을 권장한다.

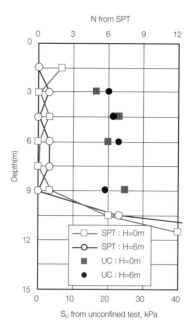

그림 7.9 ● SPT와 실내시험에 의한 강도증가의 확인 (고속도로현장, 2006)

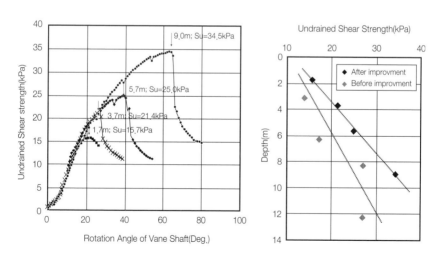

그림 7.10 ● 현장베인시험에 의한 지반강도증진의 확인 (고속도로현장, 2006)

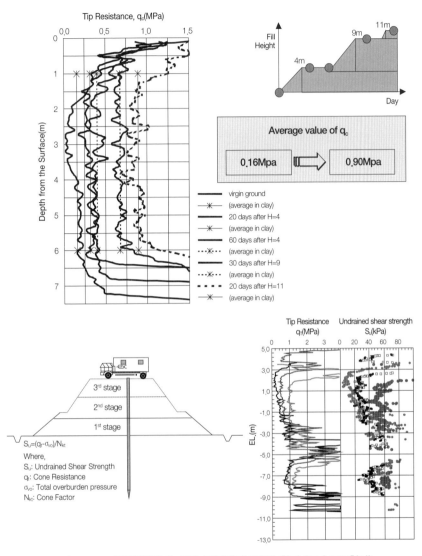

그림 7.11 ● 콘관입시험에 의한 지반강도증진의 확인 (고속도로현장)

7.2.7 계측관리 계획

계측에 의한 성토안정관리는 연약지반 공사 시행 중에 예기치 못한 지반거동을 조기에 인지하거나 미리 예측하여 연약지반 상의 성토공사에서 발생하는 문제점에 대해 신속하고 적극적으로 대책을 수립하고 설계 및 시공에 피드백(feedback)하여 정보화 시공체계를 확립하고 건설공사의 안전성 확보 및 질적 향상을 도모하기 위한 것이다.

계측관리를 위해 매설되는 계측기는 계측 목적에 따라 지표침하판, 층별침하계, 경사계, 간극수압계, 지하수위계 등이 있으며 각각의 계측성과는 성토안정관리에서 매우 중요한 역할을 하므로 매우 신중히 선정하고 관리하여야 한다.

연약지반상의 성토시공을 위한 계측관리에서 각각의 계측항목은 지반의 거

표 7.3 ◦ **계측기의 종류와 목적**

항목	계 측 기	목적 및 자료활용	관련 기술 사항
침하	침하판 층별침하계	• 시공기간내의 전 침하량 측정 • 침하양상, 부등침하 발생 파악 • 최종 및 잔류침하량 추정 • 사전압밀하중 제거 시기 결정	• 최종침하 추정 • 압밀도 추정 • 장래침하 예측 • 잔류침하
변위	경사계 (변위말뚝)	• 수평변위 측정, 사면안정검토 • 성토속도 및 시기 결정 • 안정관리	• 사면활동파괴 • 성토의 안전율 • 균열과 융기
수압	간극수압계	• 과잉간극수압 변화 측정 • 지반처리 효과 확인 • 침하 진행 상황 확인, 안정검토	• 침하진행 • 안정검토
수위	지하수위계	• 지하수위변화측정 • 과잉간극수압 도출	
교대변위	경사계 (측량)	• 교대변위 측정 • 교대배면 침하	

그림 7.12 ● 도로성토에서 지반거동과 적정 계측항목

동특성을 고려한 적절한 위치에 배치 및 조합되어야 한다. 그림 5는 도로성토
에서 지반의 거동을 고려한 계측항목의 예시이다.

계측기 설치 위치와 수량은 지반조사결과 등을 바탕으로 지형적 조건과 목
적물의 종류, 크기, 규모 등을 고려하여 신중히 결정하여야 하며 다음의 항목
에 해당하는 지점에 대해서는 반드시 계측지점에 포함될 수 있도록 계획하는
것이 좋다. 아울러 수시로 도보답사를 통한 육안관찰을 실시하여 성토체의 균
열 발생, 측구 상태, 주변지반 융기 등을 점검하여 상세하게 기록하여 관리하
는 것이 바람직하다.

- 성토고가 높은(H > 10m) 지점
- 연약층의 심도가 깊고 지반강도가 현저하게 낮은 지점
- 지형적 특성상 기반 경사가 우려되거나 확인된 지점
- 편절, 편성 성토 지점
- 하천 인접구간 등 특수한 조건에 있는 지점
- 시공관리상 소홀해지기 쉬운 취약지점

7.2.8 계측에 의한 성토안정관리

성토안정관리는 계측자료를 통해 연약지반상에 성토구조물 축조시 기초지반의 과도한 변형과 파괴를 미연에 방지하고 계획공정에 따라 기초지반과 성토체의 안정을 유지하면서 성토를 시행하기 위해 실시한다.

성토안정 관리기법은 여러 가지가 있으나 관측이나 정성적인 자료를 이용하는 방법과 정량화된 관리기준을 이용하는 방법 등이 있으며 실용적으로 많이 사용되는 방법에는 침하와 수평변위의 비에 의한 방법(S-δ 법), 침하와 수평 변위의 관계에 의한 방법(S-δ/S법), 수평변위속도 의한 방법(⊿δ/⊿t-t 법) 등이 있다.

성토안정관리는 상기에서 설명한 방법 외에도 과잉간극수압의 경시변화, 침하거동, 수평변위의 심도별 양상 등의 계측결과와 현장의 시공상황 등을 종합적으로 비교, 검토하여 안정여부를 판단해야 하며 한지점의 특정 계측값에 얽매이지 말고 이 값이 대표성을 가지고 있는지를 정확히 판단하는 것이 중요하다. 이러한 판단은 고도의 전문지식과 판단이 요구되므로 전문가의 조언을 참고하는 것이 좋다. 뿐만 아니라, 수시로 현장을 답사하여 성토체의 이상유무, 배수측구 상태, 주변지반의 융기 등을 관찰해야 한다.

연약지반의 거동이 안정한 상태인지 여부를 정확히 판단하는 것은 어려운 일이지만 불안정성 상태의 정성적인 현상으로서 다음과 같은 사항을 들 수 있다.

- 성토체 및 법면에 균열(crack)또는 실균열(hair crack)이 발생한다.
- 성토 중앙부의 침하가 급격히 증가한다.
- 양단의 수평변위가 급격히 증가한다.
- 제체 외측 지반에 융기가 발생한다.
- 성토를 중지해도 상기의 현상과 함께 지반내 간극수압이 점점 상승한다.

만약, 불안정한 것으로 판단되는 경우에는 즉시 성토를 중지하고 계속적인 계측을 실시하여 지반이 안정될 때까지 기다려야 하며 방치 중일 경우에는 신속히 전문가의 검토 등을 통해 대책을 강구해야 한다. 특히 전단균열 등이 발생하였을 때는 균열로 우수의 유입을 방지하도록 비닐 등으로 덮고 전문가의 검토를 거쳐 필요한 조치를 취해야 한다. 성토안정관리에서의 주안점은 다음과 같다.

- 지반의 변형량과 변형속도를 계속해서 상세하게 측정 및 분석
- 지반내 간극수압의 경시변화로부터 압밀의 진행상황 및 불안정 요소 인지
- 각종 계측자료를 종합하여 현재의 성토상태가 안정한지 여부를 검토하고,
- 불안정한 경우에 그 정도에 따라 성토속도 지연, 중지, 성토 일부 제거 등의 대책 강구

7.2.9 성토안정관리기법

① 침하량의 경시변화와 육안관찰: 침하량의 경시변화가 일정한 값으로 수렴하는지 또는 급격한 증가가 발생하는지 여부로 안정상태를 판단하는 방법으로 파괴시에는 침하량이 급격히 증가하는 경향이 있다.

② 정량적인 기준에 의한 방법: 정량화된 기준값을 이용하여 계측결과가 이 기준값 이내에 있도록 관리하는 방법으로, 기준값은 다소 경험적인 값이며 성토조건과 지반조건에 따라 변할 수 있으며 과거의 경험이나 실적, 시험시공 등을 통해 합리적으로 조정할 수 있다. 여기에는 실용적으로 침하와 수평변위의 비에 의한 방법(S-δ 법), 침하와 수평 변위의 관계에 의한 방법(S-δ/S법), 수평변위속도 의한 방법($\Delta\delta$/Δt-t법) 등이 많이 사용된다. 표 3은 각각의 방법의 내용과 관리의 예를 도시한 것이다. 이외에도 수평변위량의 경시변화, 전단변형률의 경시변화 등에 의한 방법 등이 있다.

표 7.4 ● 계측에 의한 성토안정관리기법

관리법	내용	특징과 관리의 예
S-δ 법 (Tominaga-Hashimoto 방법)	 침하량(S)와 수평변위(δ)를 프롯하여 그 기울기의 증감으로 안정성을 판단하는 방법	• 압밀에 의한 침하와 전단변형의 균형을 쉽게 파악할 수 있고 파괴징후가 빨리 포착됨 • 일반적인 관리 기준값은 $\alpha_2 \geq 0.7$ $\alpha_2 \geq \alpha_1 + 0.5$
S-δ /S 법 (Matsuo-Kawamura 방법)	 수치해석과 현장계측결과로부터 얻은 경험적 방법으로 균열이나 파괴시 S-δ /S의 관계가 일정한 기준선에 접근하는 것을 이용	• 성토 전기간에 걸쳐 지반의 거동을 파악하는 데 효과적임 • 범위를 벗어나는 지점에서는 해석이 곤란 • 관리 기준값은, $S > a\mathrm{Exp}\{b(\delta/S)^2 - c(\delta/S)\}$
Δq/$\Delta\delta$ -q 법 (Matsuo 방법)	 점증하중에 의한 Δq/$\Delta\delta$ -q 의 관계를 이용하여 하부의 직선부를 추정하여 파괴하중을 예측하는 방법	• 임의의 성토고에서 현재까지의 계측결과를 바탕으로 한계 성토높이를 추정하는 데 유효함 • 관리기준값은, Δq/$\Delta\delta$ ≤ 15 t/m^2
$\Delta\delta$ /Δt-t 법 (Kurihara 방법)	 일일 변위속도가 기준값을 초과하면 불안정한 것으로 판단하는 방법	• 변위속도(일변위량)을 쉽게 알 수 있음 • 일반적인 기준값은 $\Delta\delta$ /Δt $\geq 10\sim20$mm/day

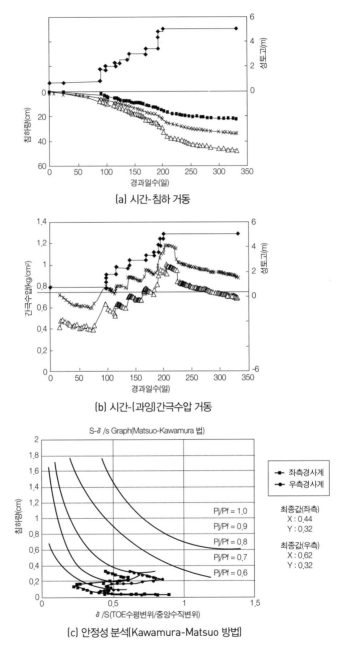

(a) 시간-침하 거동

(b) 시간-(과잉)간극수압 거동

(c) 안정성 분석(Kawamura-Matsuo 방법)

그림 7.13 ● 성토안정관리 사례(○○고속도로)

7.3 전단활동파괴 사례

7.3.1 급성토에 따른 전단활동파괴

연약지반에서 전단활동파괴가 발생하는 것은 기본적으로 연약층의 지반강도가 성토하중을 지지하기에 충분하지 않기 때문이다. 연약지반은 성토하중에 의해 발생한 과잉간극수압이 서서히 소산되면서 체적변화와 함께 유효응력이 증가하게 되고 이에 따라 지반강도도 서서히 증가하게 된다. 하지만 지반강도의 증가속도에 비해 성토하중의 재하속도가 빠르거나 지반강도 이상의 성토하중이 재하되었을 때 전단활동파괴가 일어나게 된다. 다음은 대표적인 사례이다.

▶ 사례1

연직배수재를 시공한 후 약 5년 정도 경과한 후 인접한 도로와 연결하기 위

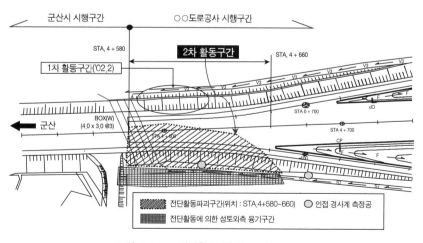

그림 7.14 ● 전단활동 발생 구간 평면도

그림 7.15 • 1차 활동 발생 구간의 전경 (성토체 일부 제거 상태)

해 도로제방 성토 중 2차에 걸쳐 하부지반에서 전단활동이 발생한 사례이다.

피에조콘관입시험을 이용한 지반조사 결과 약 9m 정도의 연약지반 점성토 지반이 확인되었으며, 깊이 10m 아래로는 투수성이 양호한 모래질층이 존재하는 것을 알 수 있었다.

약 5.5m의 성토가 완료된 후 약 1개월 후 전단활동이 발생하였는데, 당시 발생한 침하량은 약 40cm 내외였고 72mm 정도의 수평변위가 발생한 상태로 뚜렷한 파괴의 징후를 확인하기는 어려웠으나 비교적 짧은 시간에 상당히 수평변위가 발생한 점으로 미루어 성토속도가 다소 빠르다는 점이 활동파괴의 원인으로 판단되었다. 특히 활동이 발생한 구간은 ○○시에서 관장하며 시공하는 연결도로와 경계부로 지반개량을 실시하지 않은 구간을 포함하고 있어 이 경계부를 중심으로 활동파괴가 일어났다.

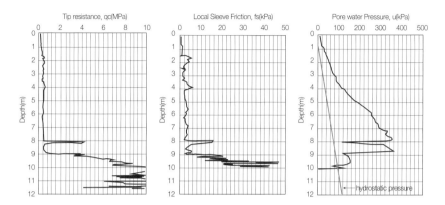

그림 7.16 ◦ 해당 구간의 대표적인 CPTU 결과
(q_c : 원추관입저항력, f_s : 주면마찰력, u : 간극수압)

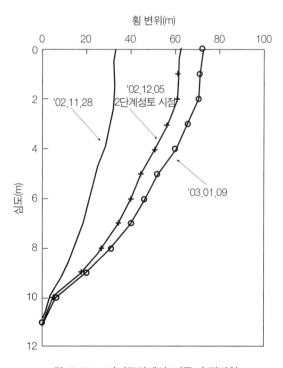

그림 7.17 ◦ 파괴구간에서 지중 수평변위

1차 전단파괴에 이어 이 구간의 반대측에서 2차 전단파괴(2003. 10. 6.)가 발생하였다. 활동구간의 연장은 약 80m로 수로암거를 포함하여 성토체가 파괴되었고 성토 외측의 농경지가 융기되었다. 파괴 당시 성토는 완료된 상태였으며 포장공의 시공을 위해 보조기층을 포설하던 중 성토체에서 균열이 확인되고 곧이어 활동파괴가 발생하였다. 〈그림 7.18〉은 활동파괴 전과 직후의 광경이다.

그림 7.18 ◦ 2차 활동 발생 직전(상단 균열 전파)과 발생 후 광경

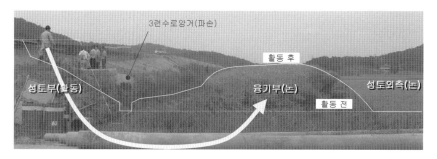

그림 7.19 ● **활동 발생 직후(성토체 파괴 주변지반의 융기)**

그림 7.20 ● **활동 발생 직후(성토체 파괴 및 수로암거 파손)**

이 구간의 지반조사결과, 지표 아래로 약 10m의 두께를 갖는 비교적 균일한 점토층이 분포하며, 그 아래로는 투수성이 좋은 모래질층이 존재하는 것으로 나타났다. 지표의 점토층(두께 약 1m)은 $q_c > 0.5$Mpa로서 비교적 굳은 상태이나, 이를 제외한 점토층의 대부분에서 q_c가 0.3Mpa 미만으로 매우 연약하였다. 〈그림 7.21〉은 파괴형상을 모식적으로 나타낸 것이다.

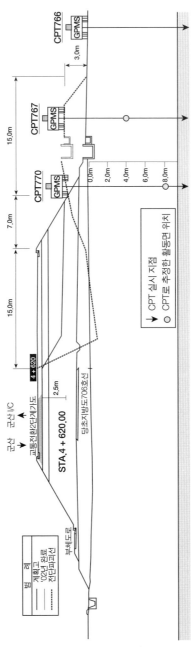

그림 7.21 ● 활동 단면의 형상

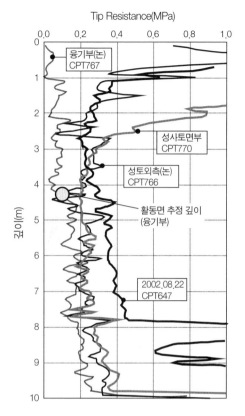

그림 7.22 ● 시험위치별 깊이에 따른 원추관입저항력(q_c) 분포 비교

이 구간도 1차 전단파괴와 마찬가지로 경계부의 수로암거 부지가 별도의 지반개량을 거치지 않고 구조물이 선시공된 상태로서 하부지반의 지지력이 상대적으로 과소했던 바, 암거 상부의 성토고 증가로 인해 그 하부 점토층에서 지지력을 초과하는 과도한 응력이 발생하여 전단파괴가 유발되었으며, 이는 인접 지반의 응력불균형을 초래하여 임계상태에 근접해 있던 토공부 하부 지반 전체로 전파된 것으로 추정된다.

7.3.2 하부지반이 경사진 연약지반에서 성토체 활동에 의한 균열

연약층 하부의 지지층이 경사져 있을 경우에는 심도가 깊은 쪽으로 편압이 발생하고 부등침하와 수평변위의 발생이 현저하게 나타나며 그 방향으로 활동이 일어날 가능성이 매우 높다.

현실적으로 실시설계에서는 이것을 모두 확인하기는 어렵고 확인 시추조사나 연직배수재 시공 결과 등으로부터 확인할 수 있다. 이때 기반경사의 정도가 심한 경우에는 사전에 적절한 대책을 수립하는 것이 좋고 미처 발견하지 못한 경우에도 계측관리상의 침하의 경향이나 변위발생 경향으로도 확인이 가능하다.

이러한 조건에서 대책공법은, 부등침하가 활동파괴를 촉진하는 것이므로 전 침하량을 감소시키는 것이 좋고 따라서 SCP공법이나 심층혼합처리공법 등의 적용이 유효할 것이다. 그러나 단일 공법을 적용하는 것보다는 현장여건을 고려하여 2가지 이상의 공법을 병용하는 것이 바람직하다.

특히 SCP공법의 적용시 심도가 깊은 쪽은 간격을 좁히고 얕은 쪽은 간격을 넓게 하여 부등침하를 최소화하는 것이 좋다. 또한, 이러한 경사진 지반을 사전에 인지하지 못하여 현저한 부등침하나 균열 등이 발생한 경우에는 이에 대한 적절하고 신속한 대책 수립이 요망되며 보다 철저한 계측관리 및 시공관리를 실시하여야 한다. 기반이 경사진 경우에는 잔류침하 발생량이 큰 것으로 알려져 있어 공용 후 유지관리 시에도 주의해야 할 것이다.

▶ 사례2

샌드드레인으로 지반개량을 실시하고 단계성토를 실시하던 중 지반경사에 의해 성토체에 과도한 변형이 발생한 사례이다. 실시설계 단계와 공사 전 확인조사 단계에서 기반이 경사진 것을 확인하지 못하였다. 하지만 성토고가 약

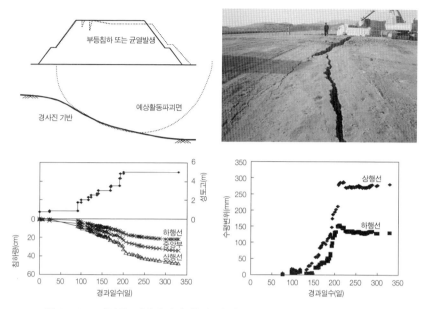

그림 7.23 ● 경사진 지반에서의 침하 및 수평변위 발생 사례(○○고속도로)

4m를 넘어가는 단계부터 상,하행의 침하와 수평변위 경향이 뚜렷하게 차이가
나기 시작했다. 이 단계에서 성토체에 균열이 발생하였고 성토체의 일부를 제
거하여 장기간 안정화시킨 후 성토를 재개하였다.

▶ 사례3

절토부에 인접하여 형성된 두꺼운 퇴적 점성토층의 두께가 크게 차이가 나
는 지반 위에 성토를 시행하던 중 현저한 침하 단차에 의해 성토체에 균열이
발생한 사례이다. 중앙부와 두께가 가장 두꺼운 단부의 침하는 2배 이상 차이
가 났다.

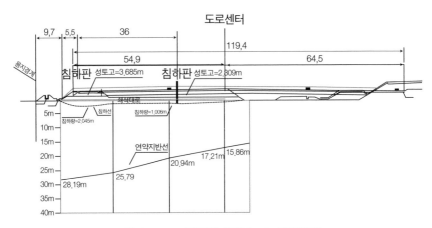

그림 7.24 ● 기반경사 현황 (○○ 확장공사)

▶ 사례4

산악지역의 계곡부에서 국부적으로 협재된 유기질 점성토층에 의해 대성토부에 변형이 발생한 사례이다. 이 구간은 실시설계 당시 도로 중심선을 중심으로 수행한 지반조사에서 확인되지 않았으나 시공 중 중심선 편측 및 양측에 최대 7m 정도의 모래 섞인 유기질토층이 확인되었다. 최대 24.5m의 성토를 시행하기 위해 다음과 같이 별도의 지반개량을 시행하였다. 산악지역으로 연약층의 존재를 소홀하게 취급하기 쉬웠던 사례로, 공사 초기에 적절히 대응하지 못했다면 대규모 활동파괴로 이어질 수 있었던 사례이다.

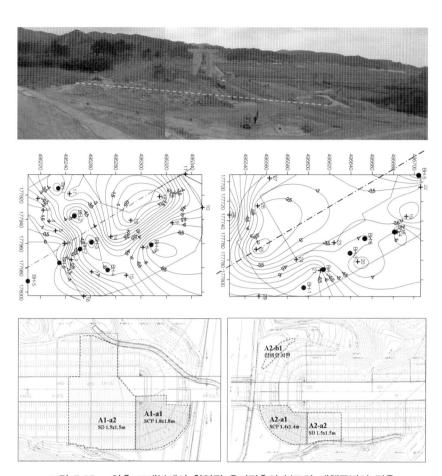

그림 7.25 ● 양측 교대부에서 확인된 유기질층의 분포와 대책공법의 적용

부록 1
업무 적용 사례

사례 **01**
토목섬유매트(PP매트) 시공 적용 사례

적용목적

- 수평배수층은 하부 연약지반의 간극수를 원활하게 배수 처리할 수 있는 능력이 지속적으로 유지되어야 하나, 현재 원지반에만 PP매트를 설계반영함에 따라 성토체의 미립분이 수평배수재로 혼입되어 통수능이 감소하므로 이에 대한 기준을 수립하여 토목섬유매트 시공관리에 철저를 기하고자 함

적용사항

- 수평배수층 통수능 감소 방지를 위하여 상부에 PP매트 추가 설치
- 상부 PP mat와 하부 PP mat는 최소 1m 이상 겹침 이음

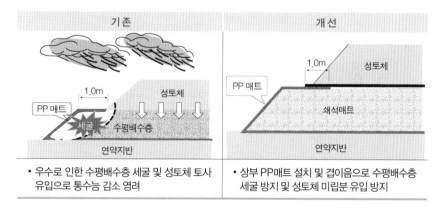

기존	개선
• 우수로 인한 수평배수층 세굴 및 성토체 토사 유입으로 통수능 감소 염려	• 상부 PP매트 설치 및 겹이음으로 수평배수층 세굴 방지 및 성토체 미립분 유입 방지

적용효과

- 성토체 미립분의 수평배수층 유입 방지로 수평배수층 통수능 확보
- 강우시 우수침투로 인한 세굴 방지

내 용	하부 PP매트 시공 후 쇄석매트 포설

내 용	쇄석매트 상부 PP매트 연결

사례 02
연약지반 침하 계산 방법 적용 사례

적용목적

- 기존도로 침하량 검토시 교통하중과 포장하중을 추가하중으로 반영하였으나, 기존도로의 경우 포장 및 교통하중이 기운영 중이므로 추가하중 적용 여부를 검토하여 경제성을 도모

적용사항

- 기존도로 침하량 계산시 ⊿P에 교통＋포장하중 반영시 침하량이 커져 과다설계가 될 수 있으므로 P_0값에 포장＋교통하중을 반영

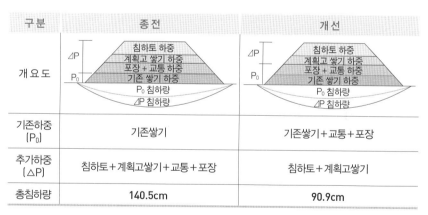

구분	종전	개선
개요도	침하토 하중 / 계획고 쌓기 하중 / 포장＋교통 하중 / 기존 쌓기 하중 / P_0 침하량 / ⊿P 침하량	침하토 하중 / 계획고 쌓기 하중 / 포장＋교통 하중 / 기존 쌓기 하중 / P_0 침하량 / ⊿P 침하량
기존하중 (P_0)	기존쌓기	기존쌓기＋교통＋포장
추가하중 (△P)	침하토＋계획고쌓기＋교통＋포장	침하토＋계획고쌓기
총침하량	140.5cm	90.9cm

※ 침하량 계산식 : $S_c = \dfrac{C_s}{1+e_0} \times H \times \log\left(\dfrac{P_0 + \triangle P}{P_0}\right)$

적용효과

- 성토 하중 조정으로 연약지반 압밀 기간 최적화
- 포장＋교통하중을 기존하중에 포함하여 최적설계 시행

사례 03
선형분리구간 중앙분리대 적용

적용목적

- 선형 분리구간 중 폭이 7m 미만인 구간은 현광방지시설을 설치토록 규정하고 있어(도로안전시설지침, 국토해양부) 형식 선정 필요

적용사항

- 중앙분리대 폭이 7m 이하인 구간은 가드레일＋방현망을 대체하여 PC방호벽을 설치하여 공사비 절감 및 대향차량 전조등에 의한 눈부심 차단

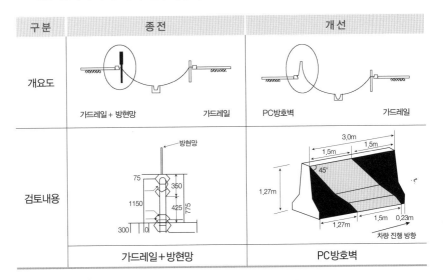

구분	종전	개선
개요도	가드레일＋방현망　　　　가드레일	PC방호벽　　　　가드레일
검토내용	가드레일＋방현망	PC방호벽

적용효과

- 대향 차량 전조등에 대한 차광 효과 우수
- 준공시 잉여 PC방호벽 유용으로 저탄소 녹색성장에 기여

사례 **04**
연약지반 침하를 고려한 시설물 적용

적용목적

- 연약지반구간은 침하발생으로 교통 통행 및 유지관리가 불리할 것으로 예상되어 개선 필요

적용사항

- 현황

접속슬라브(침하발생)	횡단배수관(배수불량)

- 적용사항

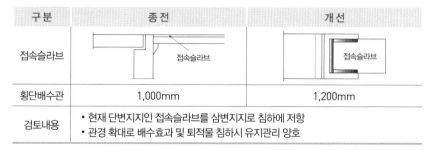

구분	종전	개선
접속슬라브	접속슬라브	접속슬라브
횡단배수관	1,000mm	1,200mm
검토내용	• 현재 단변지지인 접속슬라브를 삼변지지로 침하에 저항 • 관경 확대로 배수효과 및 퇴적물 침하시 유지관리 양호	

적용효과

- 교통 주행성 양호로 고객 만족도 향상
- 배수효과 및 유지관리 효과 우수

사례 **05**
현장타설말뚝 시공 적용

적용목적

- 계측기의 연결부에 일반 PVC 커플러를 사용함에 따라 연약지반 심도가 깊은 곳에는 과다한 침하로 인한 계측기 파이프 및 연결부가 파손되어 계측이 불가한 상황이 발생하므로 이에 대한 개선대책을 마련하고자 함

적용사항

- 경사계 및 층별침하계의 커플러를 일반적인 PVC 연결재에서 텔레스코픽 신축커플링으로 변경 사용하여 수직압에 대한 충격을 흡수하고 계측기 자재 보호

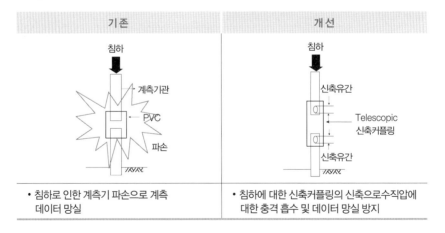

기존	개선
• 침하로 인한 계측기 파손으로 계측 데이터 망실	• 침하에 대한 신축커플링의 신축으로수직압에 대한 충격 흡수 및 데이터 망실 방지

적용효과

- 신축유간이 있는 연결 커플러를 사용하므로 지반의 침하시 유격이 계측기 파손을 방지하여 원활한 계측 가능

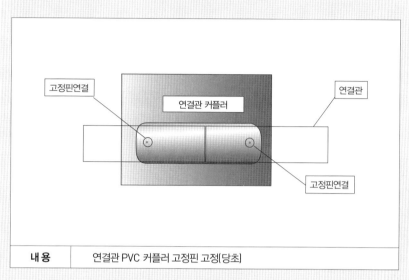

고정핀연결

연결관 커플러

연결관

고정핀연결

내용	연결관 PVC 커플러 고정핀 고정(당초)

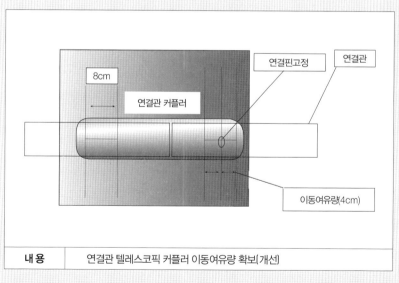

8cm

연결관 커플러

연결핀고정

연결관

이동여유량(4cm)

내용	연결관 텔레스코픽 커플러 이동여유량 확보(개선)

사례 06
수평 천연섬유 배수재 이음부 적용

적용목적

- 수평 천연섬유 배수재의 경우 포켓식 이음으로 이음부를 완전 밀착 후 연결하여야 하나 시공이 어렵고, 이로 인한 밀착 불량으로 이음부가 함몰되어 배수효과가 저하되는 사례가 빈번하므로 이를 개선하여 수평배수층의 시공 관리 및 기능 향상을 유도하고자 함

적용사항

- 수평 천연섬유 배수층을 위, 아래로 겹친 겹이음 방식으로 변경하여, 이음부 통수능 확보
- 겹이음 길이 50cm 이상 확보(당초 30cm)

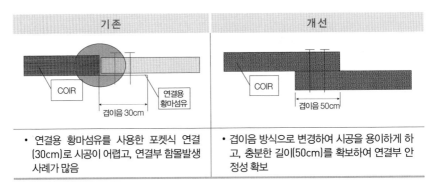

기존	개선
• 연결용 황마섬유를 사용한 포켓식 연결(30cm)로 시공이 어렵고, 연결부 함몰발생 사례가 많음	• 겹이음 방식으로 변경하여 시공을 용이하게 하고, 충분한 길이(50cm)를 확보하여 연결부 안정성 확보

적용효과

- 수평 천연섬유 배수층 이음부 통수능 확보
- 이음길이의 충분한 확보로 침하에 따른 연결부 안정성 확보

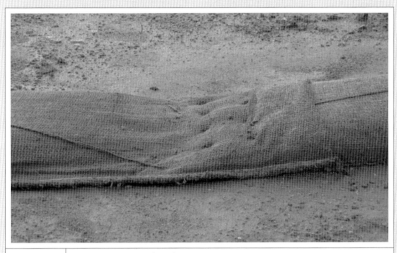

내용	포켓식 이음연결(당초)

내용	겹이음 연결(개선)

사례 **07**
기존교량 변위측정 방법 적용

적용목적

- 확장공사시 기존교량에 근접하여 신설 교량을 시공하는 경우 현장타설말뚝
  시공에 따른 진동의 영향으로 기존 교량의 변형이 우려되어, 이에 대한 철
  저한 대비로 안전시공 유도

적용사항

- 기존 교량 교대, 교각 총 4개소에 광파측정용 프리즘을 설치하여 매일 6회
  계측 실시로 기존 교량 변위 발생여부 관리
- 기존 교각 2개소에 Steel 눈금자를 설치하여 수평변위 측정
- 변위 발생시 현장 조치 방안 사전 수립

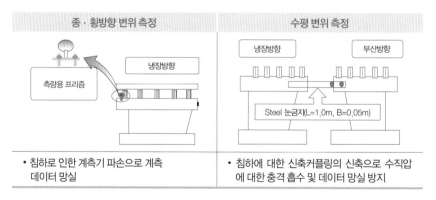

종·횡방향 변위 측정	수평 변위 측정
냉장방향 측량용 프리즘	냉장방향　　부산방향 Steel 눈금자(L=1.0m, B=0.05m)

• 침하로 인한 계측기 파손으로 계측
  데이터 망실
	• 침하에 대한 신축커플링의 신축으로 수직압
	  에 대한 충격 흡수 및 데이터 망실 방지

적용효과

- 계측을 통한 기존 교량 실시간 안전관리
- 기존교량에 변위 발생시 사전 수립한 현장 조치로 위급 상황에 신속한 대처
  가능

내용	광파 측정용 프리즘 설치

내용	Steel 눈금자 설치

산마루측구 단면 최적화 적용

적용목적

● 정부의 '저탄소 녹색성장'에 부합하는 탄소감축 노력 아이템으로써 산마루
측구 시공을 위한 터파기 시 산지 훼손이 불가피하나, 이에 대한 최소화 방
안을 마련코자 함

적용사항

● 산마루측구 최적단면 검토

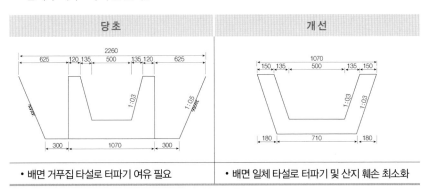

당초	개선
• 배면 거푸집 타설로 터파기 여유 필요	• 배면 일체 타설로 터파기 및 산지 훼손 최소화

적용효과

● 산지훼손 최소화 및 탄소 발생 감축
● 배면 일체 타설로 작업 능률 향상

부체도로 연약지반 처리 적용

적용목적

- 부체도로가 연약지반구간에 위치함에 따라 본선과 동일한 기준으로 연약지반 처리 공법이 반영되어 있어 현장여건을 고려하여 처리 공법을 재검토하여 경제적인 설계를 추진

적용사항

- 고속도로 본선에 비해 교통량 및 중차량 이용률이 현저히 낮으므로 연직배수공법을 삭제하고 골재포설 후 성토 시행

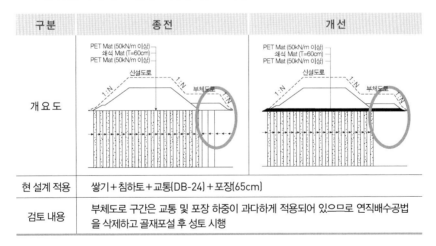

구분	종전	개선
개요도		
현 설계 적용	쌓기＋침하토＋교통(DB-24)＋포장(65cm)	
검토 내용	부체도로 구간은 교통 및 포장 하중이 과다하게 적용되어 있으므로 연직배수공법을 삭제하고 골재포설 후 성토 시행	

적용효과

- 본선 성토체 활동억제 및 연동침하 억제

사례 **10**
침하핀 적용

적용목적

- 연약지반 확장 성토에 따른 기존도로 연동침하량 계측 및 공용후 장기침하량 측정을 위한 침하핀의 설치위치 및 재질의 적정성을 검토하여 경제적이고 효율적인 계측관리를 도모

적용사항

- 연동침하 계측용 침하핀 위치를 확장 성토로 인한 매몰 및 파손을 방지코자 기존도로 다이크 배면에서 전면으로 변경하고 시공성 향상 및 경제적인 재질로 변경

구분		종전	개선
개요도		침하핀(연동침하용) 확장도로 기존도로	침하핀(연동침하용) 확장도로 기존도로
		천공＋침하핀 삽입 및 몰탈 주입	침하못 타격
설치 위치	연동 침하용	기존도로 다이크 배면	기존도로 다이크 전면 10cm
	유지 관리용	완성도로 중분대 및 노견부	변경없음
재질		철재핀(L＝30cm)	측량 타겟용 못

적용효과

- 확장공사로 인한 침하핀 매몰 및 파손 우려 해소
- 공사중 연동침하량 확인 용이

사례 **11**
내측 확장구간 변경

적용목적

- 연약지반 내측 확장부 과재성토 시행에 따른 침하효과 분석, 안정성, 시공성 및 경제성 검토를 통하여 안정적이고 경제적인 내측 확장부 시공을 도모

적용사항

- 과재성토를 시행치 않고 잔류침하를 공용 후 덧씌우기로 보완·시공하여 시공성 및 경제성 확보

개요		종전		개선	
	상부폭 5m / 쌓기 1.4m / 하부폭 7m			보조기층(T=20cm) / 유공관 설치 / 하부폭 7m	
침하분석	최종침하량	침하량	잔류침하량	침하량	잔류침하량
	1공구(13~17cm)	7~12cm	5~6cm	2~4cm	11~13cm
	2공구(7~16cm)	7~15cm	0~6cm	2~7cm	5~10cm
장·단점		안전관리, 환경피해, 곡선 내측부 배수 등 불리		시공성 및 환경성 양호	

※ 허용 잔류 침하량 : 10cm

적용효과

- 시공중 안정성 확보 및 비산먼지 발생에 의한 환경피해 최소화
- 내측 과재성토 미시행으로 인한 공사비 절감

사례 12
다발관 간격 조정

적용목적

- 쇄석매트로 설계된 구간의 배수거리 및 침하속도를 재검토하여 다발관 간격을 조정하고, 파이버매트로 설계된 구간은 투수계수 및 압력수두 계산방법이 공구별로 상이하여 이에 대한 기준을 정립하여 다발관 간격을 재산출하여 적용

적용사항

- 수평배수층내 다발관 간격을 조정하여 원활한 배수 유도

개요			종전	개선
쇄석매트 구간	투수계수		1×10^{-3}cm/sec	2×10^{-2}cm/sec
	다발관	규격	10×10, 15×15m 등	30×40, 50×50m 등
		설치간격	∅75, 100, 150, 200mm	∅75, 100mm
파이버 매트 구간	투수계수		0.65, 1.42cm/sec	0.65cm/sec
	다발관	규격	∅75mm	∅75mm
		설치간격	10×10m, 25×25m 등	30×80, 30×90m 등

부록 1. 업무 적용 사례   177

- 현장 적용

적용효과

- 수평배수층 내 적정 간격으로 다발관을 설치하여 배수효과 향상

사례 **13**
교통전환부 길어깨 보강포장 적용

적용목적

- 길어깨 보강포장 두께가 본선부와 동일하게 설계되어 있어 포장두께를 재검토하여 적정 포장 두께 산정 및 교통차단에 따른 정체해소를 위해 야간작업으로 시행하여 공사 시행시 지정체 해소 도모

적용사항

- 포장두께 축소

개요	종전	개선
단면도	표층(5cm) 기층(25cm) 보조기층(31cm)	중간층(7cm) 기층(18cm) 보조기층(31cm)
두께	61cm	56cm(5cm축소)

적용효과

- 포장두께 축소에따른 예산 절감
- 야간작업 시행으로 공사중 지정체 사전 예방

사례 14
현장타설말뚝 콘크리트 적용

적용목적

- 현장타설말뚝의 콘크리트는 수중불분리성 콘크리트로 설계되어 있으나 수중(일반부) + 수중불분리성 콘크리트(선단 2m)로 개선함으로써 시공성 및 경제성 도모

적용사항

- 수중불분리 콘크리트 → 수중콘크리트 + 수중불분리콘크리트(선단부 2m)

개요		종전	개선
내용		수중불분리콘크리트	수중콘크리트 + 수중불분리콘크리트(선단 2m)
수량	수중불분리 Con'c	9,483 M3	300 M3
	수중 Con'c	-	9,023 M3

적용효과

- 수중불분리콘크리트 타설후 수중콘크리트 타설로 콘크리트 품질 향상

부록 2

현장 실무자 필수 연약지반 지식 요약

01
연약지반 일반

1. 연약지반의 정의 및 특징

- 연약지반이란 건물 교량 도로 및 댐 등과 같은 구조물의 하중을 원상태로는 지지할 수 없는 지반을 말하며, 간극비가 큰 실트층이나 점토층, 압축성이 큰 유기질토층, 느슨한 모래층 등을 말함
- 연약지반은 지반강도가 작고 부과되는 하중조건에 따라 큰 변위를 수반하게 될 뿐만 아니라 시간 의존적인 거동을 하는 특징이 있음

※ 연약지반 판정 기준

구분	이탄질 및 점토질 지반		사질토 지반	비 고
층두께	10m 미만	10m 이상	-	-
N치	4 이하	6 이하	10 이하	-
q_u(kPa)	60 이하	100 이하	-	-
q_c(kPa)	800 이하	1,200 이하	-	-

여기서, q_u : 일축압축강도, q_c : 콘관입 저항값

2. 우리나라 연약지반 분포 현황

- 대표적인 연약지반 구간으로는 낙동강 하구, 섬진강 하구, 서해안 등이 있음

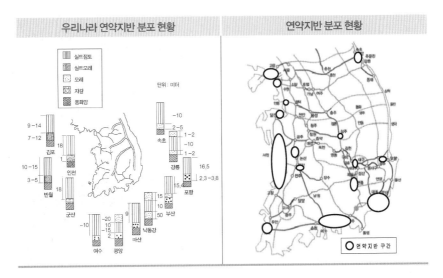

3. 연약지반에서 발생하는 문제점

- 연약지반에 구조물을 세우거나 흙쌓기를 실시하면 기초 지반의 지지력이 부족하여 침하가 크게 유발됨
- 점성토 지반에서는 공사용 장비의 주행이 곤란하고, 굴착공사에서 분사현상이나 융기현상이 유발될 가능성이 많아짐

- 연약지반 피해 사례

가. 연약지반 구간 성토시 전형적인 전단파괴

나. 기존도로 연동침하

다. 지반 함몰 및 히빙

라. 준공 후 침하

4. 연약지반 개량 공법

연약지반 개량 공법의 종류

개량원리	공법명칭		공법개요	적용토질
치환	굴착치환공법		연약토를 굴착하여 제거하고 양질토로 치환	점성토
	강제치환공법		연약토를 성토나 폭파로 제거하고 양질토로 치환	
배수	재하중공법	선행재하공법	구조물을 세우기 전에 미리 하중을 가하여 압밀 촉진	점성토
		진공압밀공법	지중을 진공으로 만들어 대기압을 하중으로 이용	
		지하수위저하공법	웰포인트나 깊은 우물을 설치하여 지하수 배수	
	수평배수공법	쇄석매트공법	원지반과 성토체 접속부에 쇄석매트를 포설하여 배수	
		수평천연섬유배수공법	원지반과 성토체 접속부에 수평천연섬유배수재를 포설하여 배수	
	연직배수공법	Sand Drain 공법	지중에 모래 기둥을 설치하여 배수 촉진	
		Pack Drain 공법	지중에 모래를 채운 포대를 설치하여 배수 촉진	
		PBD공법	지중에 배수용 PBD를 설치하여 배수 촉진	
다짐	생석회 말뚝공법		지반에 설치한 생석회 말뚝이 흡수 팽창	
	표면 배수 공법		트렌치를 파거나 자연건조로 표층 배수	
	모래 다짐말뚝 공법(SCP)		압입 및 진동으로 느슨한 모래지반 및 연약한 점성토 지반에 다짐 모래 말뚝 설치	사질토 점성토
	Vibroflotation공법		진동으로 모래 기둥 설치	사질토
	동다짐공법		무거운 추를 낙하시켜 충격으로 지반 다짐	
고결	심층혼합처리공법		석회나 시멘트를 연약토와 혼합하여 고화처리	점성토
	표층혼합처리공법		석회나 시멘트를 표층토와 혼합하여 고화처리	
	주입공법		현탁액이나 약액을 지반에 주입하여 고화처리	사질토
열처리	동결공법		지반을 일정기간 인공적으로 동결	사질토
	소결공법		지반에 열풍을 가하여 건조	점성토
하중조절	압성토공법		성토본체 측방에 작은 성토를 하여 안정 도모	점성토
	EPS공법		경량 자재를 사용하여 안정 도모	

개량 원리	공법명칭		공법개요	적용 토질
보강	표층피 복공법	Sheet 공법	표층에 Sheet를 설치하여 성토의 안정 도모	점성토
		Net 공법	표층에 Net를 설치하여 성토의 안정 도모	
	보강토 공법		흙내부에 보강재를 부설하여 안정 도모	사질토 점성토

주요 개량 공법

가. 재하중 공법

① 선행재하공법(Pre-Loading) 공법

- 연약지반상에 미리 성토체를 쌓아 하중을 재하함으로써 원지반의 압밀침하를 촉진시키는 공법으로 시공공기가 충분하고, 연약층의 심도가 얕을 경우 적용

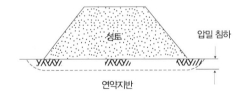

나. 수평배수 공법

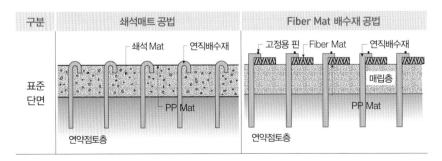

구분	쇄석매트 공법	Fiber Mat 배수재 공법
전경 사진	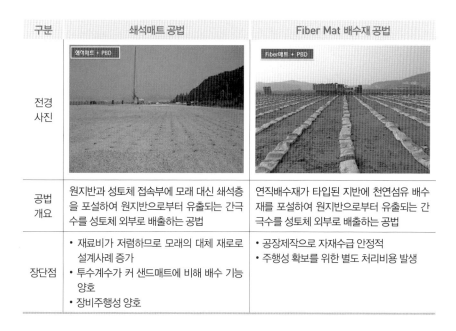	
공법 개요	원지반과 성토체 접속부에 모래 대신 쇄석층을 포설하여 원지반으로부터 유출되는 간극수를 성토체 외부로 배출하는 공법	연직배수재가 타입된 지반에 천연섬유 배수재를 포설하여 원지반으로부터 유출되는 간극수를 성토체 외부로 배출하는 공법
장단점	• 재료비가 저렴하므로 모래의 대체 재료로 설계사례 증가 • 투수계수가 커 샌드매트에 비해 배수 기능 양호 • 장비주행성 양호	• 공장제작으로 자재수급 안정적 • 주행성 확보를 위한 별도 처리비용 발생

다. 연직배수공법

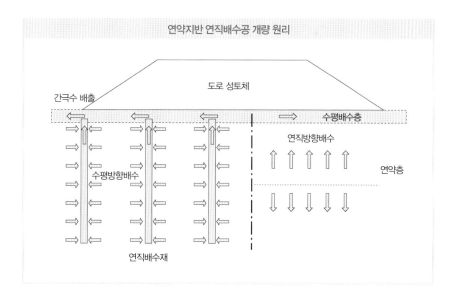

① PBD(Plastic Board Drain) 공법

- 모래 배수공법의 대안으로 개발, PBD가 들어 있는 맨드렐(mandrel)을 점토층에 삽입한 후 PBD를 남겨두고 맨드렐만을 빼내며, PBD가 연직배수 통로의 역할을 수행하는 압밀촉진공법

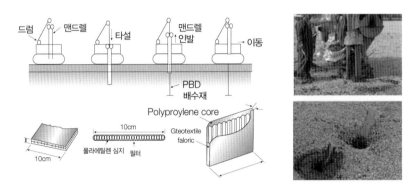

라. 다짐 공법

① 다짐말뚝공법(Sand Compaction Pile, Gravel Compaction Pile)

- 모래 또는 점토로 구성된 연약지반에 샌드 또는 쇄석을 압입하여 큰 직경의 다져진 샌드, 쇄석과 복합 지반을 만들어 강도증가는 물론 배수재로서 압밀 촉진을 기대할 수 있는 지반 개량공법(지지력 증가, 압밀시간 단축, 침하량 저감)
- 단기적으로는 주변 점토보다 큰 전단강도를 가진 다짐말뚝을 촘촘히 조성하여 다짐 말뚝과 점토로 된 복합지반을 형성, 장기적으로 쇄석, 모래말뚝의 배수효과, 응력분담

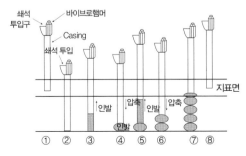

② 심층혼합처리공법(Deep Cement Mixing)

- 심층혼합처리공법(Deep Cement Mixing, DCM)은 연약지반 내에 시멘트와 물을 혼합한 안정 처리재(경화재, 고화재 등)를 저압으로 주입특수 교반기를 회전시켜 교반 혼합하는 방법
- 연약지반 내의 간극수의 수화반응 및 수화 생성물과 점토광물의 이온교환, 포졸란 반응 등의 화학적 반응에 의하여 단시간에 연약지반의 강도를 향상시키는 공법

라. 하중조절 공법

① 압성토 공법

- 연약지반 위에 흙쌓기를 할 때 흙쌓기 본체가 그 자체 중량으로 인해 지반으로 눌려 박혀 침하함으로써 비탈 끝 근처의 지반이 올라가는데, 이것을 방지하기 위해 본체의 양측에 흙쌓기 하는 공법을 압성토 공법이라 함

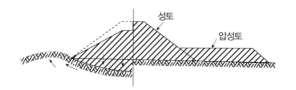

② EPS(Expanded Polystyrene) 공법

- 상부에 작용하는 하중을 경감시켜(일반토사의 1/100, 기존 경량 성토재료의 1/10~1/50) 상부하중에 의한 침하나 측방 유동에 의한 구조물의 변위발생 등 하중이나 토압에 관련된 문제점을 제거하는 공법

장점	단점
• 초경량으로 토압 저감 • 지반 침하 감소 • 공기 단축 • 하중 경감 효과	• 공사비 고가 • 부력에 취약 • 내화성 결여 • 내약품성 취약

● 시공 순서

1. 맹암거 설치   2. 모래포설(leveling)   3. EPS블록 설치

4. 연결찜쇠 설치   5. 중간 슬래브 콘크리트 타설   6. EPS블록 설치

7. 상부 슬래브 콘크리트 마감   8. 시공 완료

02
연약지반 설계

1. 연약지반 설계 기준

허용 잔류 침하량

조 건	허용잔류침하량
포장공사 완료후의 노면 요철	10cm
BOX CULVERT 시공시의 더올림 시	30cm
배수 시설	15~30cm

쌓기비탈면 활동에 대한 기준

구분	시공중	공용후	단기(1년 미만)
기준안전율	F.S > 1.2	F.S > 1.3	F.S > 1.0~1.1

연약지반 설계 하중

설계 하중	적용개념	산정 방법
개념도		• 설계하중 적용 : 쌓기하중＋포장하중＋ 　　　　　　　　 교통하중＋침하토 하중
쌓기하중	계획쌓기 시 발생하중	• 계획고(FL) 쌓기시 발생하는 하중 　＝계획고 × 성토체 단위체적중량
포장하중	포장층 설치 시 발생하중	• 포장체 시공시 단위체적 중량과 쌓기 제체의단위 　체적중량이 상이하여 단위체적 중량의 차이만큼 　추가 성토가 필요 ⇒ 포장하중
교통하중	공용 시 재하될 차량하중	• 교통하중의 적용＝13kPa • 교통하중에 의한 과재 쌓기고 $= \dfrac{교통하중}{성토체\ 단위체적중량} = \dfrac{13\mathrm{kN/m^2}}{19\mathrm{kN/m^3}} = 0.68\mathrm{m}$
침하 토하중		• 쌓기에 의해 침하된 총 보정하중 • 침하시 지하수위의 변화가능성과 기존도로에대한 　각종 자료 등을 고려하여, 보다 안전측 설계가 될 　수 있도록 검토하였음.

2. 연약지반 설계 Flow

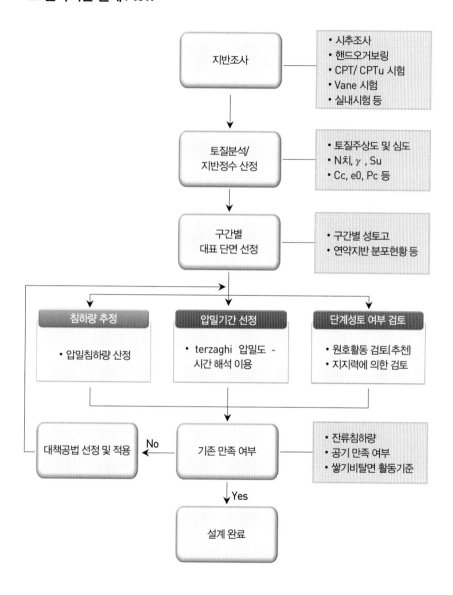

지반조사
- 시추조사
- 핸드오거보링
- CPT/ CPTu 시험
- Vane 시험
- 실내시험 등

토질분석/
지반정수 산정
- 토질주상도 및 심도
- N치, γ, Su
- Cc, e0, Pc 등

구간별
대표 단면 선정
- 구간별 성토고
- 연약지반 분포현황 등

침하량 추정
- 압밀침하량 산정

압밀기간 선정
- terzaghi 압밀도 -
  시간 해석 이용

단계성토 여부 검토
- 원호활동 검토(추천)
- 지지력에 의한 검토

대책공법 선정 및 적용 ← No ← 기존 만족 여부
- 잔류침하량
- 공기 만족 여부
- 쌓기비탈면 활동기준

↓ Yes

설계 완료

3. 침하량 추정

토성별 발생 침하형태

구분	발생 형태	비고
사질토	즉시 침하	-
점성토	즉시 침하+1차 압밀 침하+2차 압밀 침하	-

- 고소성 점토(CH) 및 유기질토의 경우 2차 압밀침하 고려

가. 1차 압밀 침하

구분	발생 형태	비고
정규압밀점토 $(P_0 = P_c)$	$\bullet\ S_c = \dfrac{C_c}{1+e_0} \times H \times \log\left(\dfrac{P_0 + \Delta P}{P_0}\right)$	$\dfrac{P_c}{P_o} = 1$
과압밀점토 $(P_0 + \Delta P < P_c)$	$\bullet\ S_c = \dfrac{C_s}{1+e_0} \times H \times \log\left(\dfrac{P_0 + \Delta P}{P_0}\right)$	$\dfrac{P_c}{P_o} > 1$
과압밀점토 $(P_0 < P_c < P_0 + \Delta P)$	$\bullet\ S_c = \dfrac{C_s}{1+e_0} \times H \times \log\left(\dfrac{P_c}{P_0}\right) + \dfrac{C_c \cdot H}{1+e_0} \times \log\left(\dfrac{P_0 + \Delta P}{P_c}\right)$	

- 정규압밀점토: 현재 작용 하중이 지반이 경험한 가장 큰 유효상재하중인 경우
- 과압밀점토: 현재 하중보다 과거에 지반이 경험한 유효상재하중이 큰 경우
- 미압밀점토: 현재 압밀진행중인 경우

나. 2차 압밀 침하

장기간에 걸쳐 Creep 형태로 발생하며, 발생량이 상대적으로 매우 미미할 뿐 아니라 하중 또는 배수특성과 무관하므로 설계시 제어가 매우 어려운 것이 현실임

$$S_s = \frac{C_a}{1+e} \times H_p \times \log\left(\frac{t_p + t}{t_p}\right)$$

- C_α =2차 압축지수
- H_p =1차 압밀 후 점토층 두께
- t_p =1차 압밀 소요시간
- t =1차 압밀 후 시간

4. 압밀기간 산정

Terzaghi의 1차원 압밀기간

$$t = \frac{T_v \times H^2}{c_v}$$

여기서, t : 압밀시간
T_v : 시간계수(50%일 때 0.197, 90%일 때 0.848)
H : 배수거리(양면배수의 경우 $H/2$)
C_v : 평균압밀계수(cm^2/sec)

- 계획고로부터 교통하중+포장하중을 고려하여 침하량 및 압밀기간을 산정하여 연약지반 처리기간을 초과할 경우 별도의 연약지반 처리대책이 필요함

5. 단계성토 여부(한계성토고 검토)

단계성토란?

- 연약지반 위에 급속성토를 높게 실시하면 Sliding 파괴가 발생하며, 이를 방지하기 위해 1차적으로 한계성토고만큼 초기성토를 실시하여 방치하면 성토에 의하여 지반의 전단강도가 증가한다.
- 이 강도증가를 고려하여 성토를 추가하고 이것을 반복하여 필요한 성토고만큼 성토 시공하는 것을 단계성토라 한다.

한계성토고 검토방법(하부지반 무처리시)

원호활동검토에 의한 방법	지지력에 의한 방법
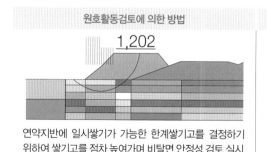 1,202	$H_c = \dfrac{q_d}{\gamma_t \cdot F_s}$ Hc : 한계 쌓기고(m) γ t : 쌓기재의 단위중량 (kN/m^3) q_d : 극한지지력 (=Nc · Cu, kPa) Nc : 지지력계수 (5.14 적용) Cu : 원지반 비배수전단강도(kPa) Fs : 안전율 (시공시 : 1.2 적용)
연약지반에 일시쌓기가 가능한 한계쌓기고를 결정하기 위하여 쌓기고를 점차 높여가며 비탈면 안정성 검토 실시	

- 한계성토고 이상 성토할 경우 단계성토 및 활동방지공법의 적용이 필요함

6. 연약지반 설계 예(O공구)

O구간 대표 단면도

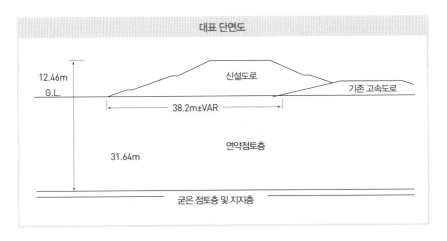

무처리시 예상 침하량 산정

- 계획고(FL)로부터 교통하중고 + 포장하중고인 0.90m(≒1.00m)를 고려하여 침하량 산정결과 무처리시 예상 침하량은 170.69~360.36cm로 산정됨

구분	STA.	검토단면	연약층후 (m)		총 쌓기고(m)			침하량(cm)		
			사질토	점토	계획쌓기고	여성토고	계	즉시침하	압밀침하	계
O구간	OO방향 0+752.52 ~0+818.68	0+784.738	1.20	31.64	12.46	1.0	13.46	1.46	358.90	360.36

- O구간 계산 예

예상 침하량 산정

$$S_c = \frac{C_c}{1+e_0} \times H \times \log\left(\frac{P_0 + \Delta P}{P_0}\right)$$

- Cc = 0.5, e_0 = 1.2 (지반조사보고서 참조),
- $\gamma_{sat(연약점토)}$ = 17.5kN/m³(지반조사보고서 참조)
- H = 31.64m
- P_0 = (31.64m / 2) x (17.5-10)kN/m³ = 118.65kN/m³
- ΔP = (12.46+1)m x 19kN/m³ = 255.74kN/m³

$$\therefore S_c = \frac{0.5}{1+1.2} \times 31.64 \times \log\left(\frac{118.65 + 255.74}{118.65}\right) = 3.589m$$

- 무처리시 압밀기간 산정

- 잔류침하량 10cm를 만족하는 압밀기간이 16.4~130.3년으로 연약지반처리기간 1.5년(18개월)을 초과하므로 침하에 대한 연약지반대책이 필요

구분	연약층후(m)		배수 조건	침하량 (cm)	잔류침하10cm기준	
	사질토	점토			압밀도(%)	압밀기간(년)
O구간	1.20	31.64	일면	360.36	97.0	130.3

- O구간 계산 예

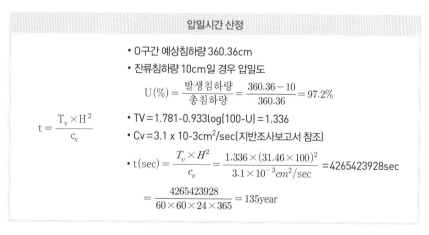

압밀시간 산정

$$t = \frac{T_v \times H^2}{c_v}$$

- O구간 예상침하량 360.36cm
- 잔류침하량 10cm일 경우 압밀도

$$U(\%) = \frac{발생침하량}{총침하량} = \frac{360.36 - 10}{360.36} = 97.2\%$$

- TV = 1.781-0.933log(100-U) = 1.336
- Cv = 3.1 x 10-3cm²/sec(지반조사보고서 참조)

$$\bullet\ t(sec) = \frac{T_v \times H^2}{c_v} = \frac{1.336 \times (31.46 \times 100)^2}{3.1 \times 10^{-3}cm^2/sec} = 4265423928sec$$

$$= \frac{4265423928}{60 \times 60 \times 24 \times 365} = 135year$$

연약지반 개량공법 선정(안정성, 경제성 등 고려, P00 참조)

구분	치환	배수	다짐	고결	열처리	하중조절	보강
선정		○ (PBD)	○ (SCP,GCP)				

선정된 압밀촉진공법 비교 검토

구분	SCP	GCP + PBD
개념도		
개요	• 모래를 압입하여 직경이 큰(70cm) 모래 다짐 말뚝을 형성	• 중앙부는 압밀촉진 효과가 우수한 PBD, 법면부는 강성이 큰 GCP 공법을 적용함
장단점	• 활동안정성 양호 • 지지력 증가 및 침하량 감소 • 시공사례 다수 • 재료 수급불리(최단 33km) • 재료비 고가	• 지지력 및 안정성 증가 • 침하량 감소 효과 확실 • 재료수급용이(암버력 활용) • 공기단축 • 잔류침하량이 적음
적용사례	• 한림~생림간 건설공사 • 대구~부산간 고속도로	• 도계~초정간 확포장공사 • 장흥~광양간 건설공사
선정		◉
선정 사유	압밀촉진을 위해 중앙부는 PBD, 활동방지를 위해 법면부는 GCP 공법 선정(GCP공법은 지지력 및 안정성 증가, 터널 암버력을 사용함으로써 재료수급이 용이하고 공기단축이 가능함)	

구간별 연약지반 검토 결과

구분	연약층 층후 (m)	총 쌓기고 (m)				총 침하량 (cm)	발생 침하량 (cm)	잔류 침하량 (cm)	연약지반 처리기간 (month)	배수재 종류 및 간격(m)	
		계획쌓기	여성토	침하토 (처리시)	계					중앙부	법면부
O구간	32.84	12.46	1.0	4.20	17.66	422.99	420.45	2.54	18	PBD (1.5×1.5)	GCP (1.8×1.8)

● O구간 침하량 계산

구분		쌓기고 (m)		안전율 (Fs)	평균 압밀도 (U, %)	연약지반 처리기간 (개월)			침하량 (cm)	잔류 침하량 (cm)	비고
		단계	누계			쌓기	방치	합계			
단계 쌓기	1단계	11.3	11.3	1.290	81.7	7.5	1.7	9.2	311.61	3.40	-
	2단계	4.53	15.83	1.302	99.1	3.2	5.6	8.8	66.56		
	계	15.83	-	-	-	-	-	18.0	378.17		
	계획고		11.05	1.826							

잔류침하량	381.57cm-378.17cm=3.40cm < 허용잔류침하량 10.0cm ➡ 안정
표층처리공법	쇄석 Mat(T=60cm)+PET Mat(50kN/m)
압밀촉진공법	중앙부 PBD(1.8m×1.8m), 법면부 GCP(1.9m×1.9m)+Pre-loading
활동방지공법	단계쌓기(2단계)+GCP(1.9m×1.9m)
PreLoading높이	여성토고(1.0m)+침하토고(3.78m)=4.78m
연약지반처리 공법적용단면	

- O구간 활동안정성 검토

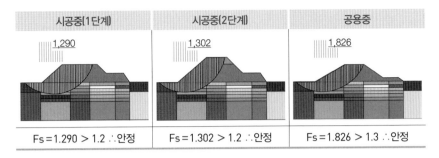

시공중(1단계)	시공중(2단계)	공용중
1,290	1,302	1,826
Fs=1.290 > 1.2 ∴안정	Fs=1.302 > 1.2 ∴안정	Fs=1.826 > 1.3 ∴안정

03
연약지반 시공관리

1. 연약지반 시공 순서(일반적)

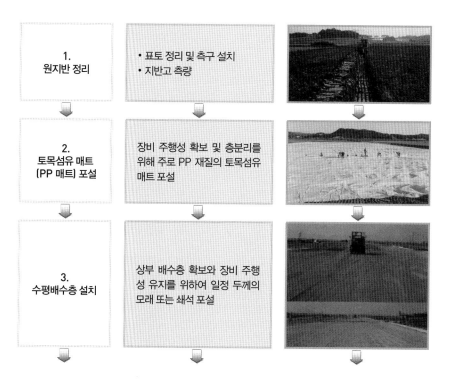

1. 원지반 정리	• 표토 정리 및 측구 설치 • 지반고 측량	
2. 토목섬유 매트 (PP 매트) 포설	장비 주행성 확보 및 층분리를 위해 주로 PP 재질의 토목섬유 매트 포설	
3. 수평배수층 설치	상부 배수층 확보와 장비 주행성 유지를 위하여 일정 두께의 모래 또는 쇄석 포설	

4. 연직배수재 시공	압밀촉진을 위하여 PBD, F.D, SCP, GCP, 기타 토목섬유 배수재 시공	
5. 계측기 설치 및 계측관리	성토 시공 중 지반거동을 관측하기 위한 각종 계측기 설치	
6. 토목섬유매트 포설 (필요시)	성토체 보강, 층분리를 위하여 주로 PET 재질의 토목섬유 매트 포설(생략 가능)	
7. 단계 성토 및 방치	시방에 따라 적절한 재료를 사용하여 1단계 계획고까지 성토 진행 후 방치	
8. 연약지반 안정 및 침하관리	성토하중의 증가가 지반의 강도 증가와 균형을 이루도록 성토속도를 조절하고, 선행하중의 재하 기간과 제거시기를 결정	

2. 원지반 정리

- 연약지반 시공에 앞서 원지반 벌개제근(초목, 표토 등 제거) 및 정지작업을 실시하고 원활한 배수를 위해 배수 측구 설치
- 압밀수의 원활한 배수를 위하여 원지반 정리 작업시 양단 측구 방향으로 일정구배를 형성
- 쇄석매트가 균일하게 포설되도록 지반 요철 최소화
- 배수 측구는 사전에 정확한 측량을 실시하여 성토 폭원을 충분히 확보할 수 있도록 위치를 선정
- 원지반의 지반고를 각 체인별로 정확히 측량 실시

3. 토목섬유매트(P.P 매트) 포설

P.P Mat 구비조건

가. Mat는 탄력성이 있고 견고한 합성섬유 재질이어야 함

나. 내후 · 내산성 및 내염기성이어야 하고 내구성이 강해야 함

다. 공사 중 진동, 충격에 완충성이 크고 쉽게 찢어지지 않는 제품이라야 함

라. 공사 후 토중, 수중에서도 품질의 변화가 없어야 함

P.P Mat 품질기준

항목	품질기준	시험방법	시험빈도
인장강도(kN/m)	50 이상	KS K ISO10319	20,000m²마다 제조회사별 제품규격마다
최대인장변형율(%)	30 이하		
수직투수계수(cm/s)	1×10^{-3} 이상	KS K ISO11058	
봉합강도	봉합 직각방향 원단 강도의 50%이상	KS K ISO10321	

시공시 유의사항

가. 공장에서 봉제겹침은 5cm 이상으로 하고 4선봉제 이상으로 하여야 함

나. 자재반입 전 5roll(10m) 이상을 공장 봉합하여 현장 반입하여야 함

다. 인장강도는 설계강도(5t/m) 이상

라. 현장봉합은 Hand Sewing Machine을 사용하여 봉합실시

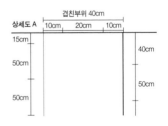

마. 봉합사는 폴리프로필렌, 폴리에스테르, 폴리아미드, 케이블 섬유재질이어
야 하며 가급적 매트의 구성 재질과 동일

바. 봉합강도(공장,현장)는 봉합직각방향 원단강도의 50% 이상이 나오도

록 봉합하고 품질관리기준에 의거 감독원 입회하에 품질시험을 실시

사. 매트는 인장강도가 발휘되는 주방향이 도로폭 방향과 일치하도록 포설

아. 매트깔기는 최대한 긴장하여 주름의 발생을 최소화해야 하여 Mat의 파손
이 되지 않도록 가급적 인력으로 포설하며, 자외선에 의한 강도 저하를 방
지하기 위해 깔기 후 10일 이내에 쇄석매트를 포설하여야 함

자. PP mat는 쇄석매트를 감싸며 1m 정도의 법면 여유 폭이 있어야 하고, 성
토체 아래로 0.5m 이상이 삽입되어야 함

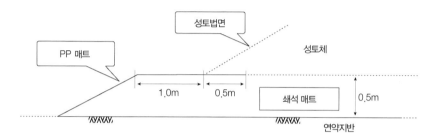

현장 주요 관리 사항

가. 자재 품질확인 철저

나. 이음부 봉합강도 확인

다. PP Mat 여유분 반드시 확보

4. 수평배수층 설치

쇄석 Mat 시공

가. 포설 목적

(1) 연약층의 배수를 위한 상부 배수층 역할

(2) 성토층의 지하배수층이 되어 성토 내의 지하수위 저하

(3) 시공시 장비 주행성 확보

나. 쇄석 Mat 재료 구비조건

최대치수 (mm)	25mm 통과량	13mm 통과량	4.75mm 통과량	2.5mm 통과량	투수계수 (cm/sec)	시험 빈도
25	95-100	25-70	0-10	0-5	5.0×10^{-2} 이상	1000m³마다

다. 시공시 유의사항

(1) 균일하고 연속된 층을 형성하고 배수 효과를 높이기 위하여 진흙이나 이토등이 혼입되지 않도록 주의

(2) 균일한 포설두께를 확보하기 위하여 성토부 끝단에 시공 규준틀을 설치

(3) 최종 침하 시에도 원활한 배수기능을 확보할 수 있도록 성토 끝단에 1m 정도 여유폭 확보

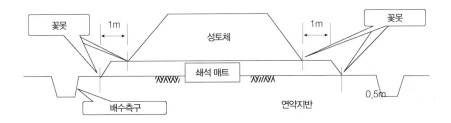

라. 현장 주요 관리 사항

(1) 공구 검측 후 사업단 검측 의뢰

(2) 깊이 검측은 검측공을 50m마다 3~5공 파서 확인

(3) 포설폭 확인은 도로 중심선에서 좌우폭 확인

(4) 쇄석입도 확인 철저

Fiber Mat 시공

가. Fiber Mat 구비조건

(1) Fiber Mat는 견고하고, 인장강도 및 탄력성이 크며 공사 중 충격, 상재 하중에 대한 완충성이 크고 찢어지지 않을 것

(2) 투수성이 우수하여야 함

(3) 외관 및 치수 규격에 이상이 없을 것

(4) 공장제조 Fiber Mat 1매의 크기는 폭 35cm (±5cm) × 1000cm (±10cm) × 두께 5.0cm를 표준으로 한다. 단, 도면 및 시방에 표기된 5cm 두께의 경우 자연상태, 즉 공장에서 packing하기 전 두께이며 packing 시 압착에 의한 두께감소는 Fiber Mat 중량이 2.4kg/m 이상일 경우 무시

나. Fiber Mat 품질기준

구 분	재 질	인장강도	인장신도	투수계수	시험빈도
허용범위	황마+야자수외피	1400N/폭 이상	20.0% 이하	0.1cm/sec	10,000m마다

다. 시공시 유의사항

(1) 인력으로 포설함을 원칙으로 함

(2) Fiber Mat를 현장 보관시 우수나 습기에 의한 강도저하 발생 우려로 지반

에서 30cm 이격 후 통풍이 잘 되는 곳에 보관

(3) 현장 포설시 1일 작업량을 적정하게 결정하여 장기간 노출로 직사광선으로 인한 강도 저하 방지

(4) 겹이음은 30cm(±10cm)로 하고 Fiber Mat의 겹이음부가 벌어지지 않도록 주의

(5) 필터구성은 황마 필터 2겹으로 하여야 함

(6) 이음은 Fiber Mat 두께 이상인 15cm의 못, 핀으로 필터재인 황마로 겹이음을 한곳에 일정간격으로 펀칭하여 연결

(7) Fiber Mat의 원활한 배수를 위하여 원지반을 일정한 구배로 형성

(8) 최종 침하시에도 원활한 배수기능을 확보하기 위하여 Fiber Mat 단부를 측구까지 연장 설치

(9) Fiber Mat와 PBD의 접합시 상부 PBD를 Fiber Mat와 직각으로 절곡 후 고정핀을 사용하여 고정

라. 현장 주요 관리 사항

(1) 드레인재와 Fiber Mat 이음상태

(2) 매트 간격 적정 여부

(3) Fiber Mat 연결부 적정 여부

(4) 자재 품질확인 철저

5. 연직배수재 시공

Plastic Board Drain(P.B.D) 공법

가. P.B.D 구비 조건

(1) 여과접촉 면적이 커서 배수성이 양호하여야 하므로 Core와 Filter가 분리

된 포켓식을 사용

(2) 토압에 대한 Plastic Core의 손상이 없고 압밀 침하에 대한 순응성이 양호하여 절곡시 배수로의 절단 및 막힘이 없어야 함

(3) Filter 재료는 배출되는 간극수의 배수에 충분한 투수 계수를 확보할 수 있어야 하며 드레인재 내부로 미세 토립자의 혼입을 방지하며 산, 알카리, 박테리아에 대한 저항성이 커야 함

(4) 연약지반에 타입 즉시 배수가 신속히, 지속적으로 진행되어야 하므로 친수처리된 Drain용 부직포 Poket Filter로 제작한 제품이어야 함

(5) 흡수성이 불량한 타용도의 부직포 Filter로 만든 제품은 사용 불가

(6) 재생 원료로 만든 P.B.D는 사용해서는 안 됨

나. P.B.D 품질 기준

구 분		단위	기준	시험방법	시험빈도
드레인재 (코아＋필터)	재 질		PP, PE, PET	KS K 0210	제조회사별, 제품규격별 100,000m마다
	폭	mm	100±5	KS K 0505	
	두께	mm	4±0.5	KS K ISO 9863	
	표준중량	gf/m	80	KS K ISO 9864	
	인장강도	N/폭	2000 이상	KS K ISO 10319	
	배수능력	cm³/s	25 이상(직선) 15 이상(굴곡) (300kPa 4주 가압,20%굴곡)	Delft 공대법	제조회사별, 제품규격별 200,000m마다
			180이상(10kPa) 140이상(300kPa)	ASTM D 4716	
필터재 (부직포)	재 질		PP, PET	KS K 0210	제조회사별, 제품규격별 100,000m마다
	투수계수	cm/s	1×10⁻³ 이상	KS K ISO 11058	
	인장강도	kN/m	6.0 이상	KS K ISO 10319	
	인장신도	%	20~80	KS K ISO 10319	
	인열강도	N	100 이상	KS K 0796	

구분		단위	기준	시험방법	시험빈도
	파열강도	N	600 이상	KS K 0768	
	유효구멍크기 (AOS)O$_{90}$	μm	80 이하	KS K ISO 12956	
드레인재 및 필터재 (각각시험)	황산 : 30% 수용액	%	3 이하	일반시험법 상온에서 5시간 침지 후 중량 감소율	제조회사별, 제품규격별 100,000m마다
	염산 : 20% 수용액	%	3 이하		
	NaOH : 40% 수용액	%	3 이하		
	NaCl : 10% 수용액	%	3 이하		
	증류수	%	3 이하		

다. 시공순서

1. P.B.D 타설 위치 표시

2. 장비조립

3. 드레인재에 선단슈(앵커플레이트) 끼우기

4. 드레인재에 선단슈를 끼운 후 되감기

5. 멘드렐 관입준비 및 자동기록장치 확인

6. 드레인재 타설 및 인발

7. 드레인재 절단(Mat 상단 여유 30cm)

8. 항타 완료 후 전경

라. 시험 시공

(1) 시공심도를 결정하기 위하여 **연약지반 전구간을 종방향으로 50m 간격으로 좌, 중, 우 3공씩 시험시공 실시하여 적용**

(2) 시험시공 실시 후 지반조사 및 설계심도와 실제심도 차이 파악

(3) 시험시공 시 확인사항

① 설계심도와 시공심도 비교분석

② **P.B.D의 사용과 자동기록계의 타설량 비교**

③ 장비조합 이상 유무

④ 맨드렐과 리드의 작업위치 이상 유무

⑤ 장비의 성능, 효율, 안정성 여부

⑥ 자동기록장치 이상 유무

마. 장비 선정시 고려사항

(1) 타설장비는 주행시 연약지반이 교란되지 않는 범위 내에서 접지압을 갖는 장비를 선정

(2) 타설장비는 다음과 같은 자동기록장치를 구비하여야 함

① 맨드렐 심도계 : 각 타설점의 시공심도를 1cm 단위까지 확인할 수 있는 것

② 맨드렐 경사계 : 타입시 경사각을 확인할 수 있는 것

③ 일일 시공량 기록계 : 일일 시공량을 합산 기록할 수 있는 것

④ 평균 타설 심도 기록계 : 평균심도를 기록할 수 있는 것

⑤ 시간 기록계 : P.B.D타설시간 및 휴식시간을 확인할 수 있는 것

⑥ 시건장치 : 시공관리 계측의 임의조작을 방지할 수 있는 것

(3) 장비투입전 장비제원을 포함한 P.B.D 시공계획서를 제출하여 승인받을 것

(4) 장비 투입전 검사를 실시하여 수직도, 심도, 공상량을 사전 체크할 것

(5) 연약지반의 교란방지와 안전사고 방지를 위하여 접지압 5ton/m² 이하인 장비를 사용하여야 함.

(6) 수직도 확보를 위하여 자동 경사 제어기 부착

(7) 연약층 예상 최대심도보다 최소 5m 이상 리더가 길 것

(8) 연약지반 심도에 따른 장비제원 확인(대심도일 때 저심도용 장비 사용 불가)

(9) 관계법에 의한 승인된 장비인지 반드시 확인(장비제원표, 중기등록증 등)

(10) 현장에 실제 투입되는 장비의 총중량에 따른 장비의 주행성, 접지압 검토 (장비중량+리더중량+맨드렐중량 등)

　※ 리더중량은 리더길이에 따라 변하므로 실제 리더길이 확인 필요

바. 시공시 유의사항

(1) P.B.D 1롤의 길이는 200m 이상

(2) 상, 하차시, 소운반시 손상되지 않고 비에 젖지 않도록 안전하게 보관

(3) 옥외보관시 태양(자외선)과 비에 노출되지 않도록 철저히 천막을 덮어서 관리

(4) 표층이 견고하거나 매립층에 호박돌 등이 혼재하여 P.B.D 타입이 곤란한 경우는 오거 보오링을 실시한 후 타입

(5) 본격적인 P.B.D를 타설하기 전에 시험시공을 실시하여 당초 설계 시 추정하였던 설계내용과 상이할 경우에는 추가적인 지반조사를 통하여 타설지점, 심도, 간격 등의 재검토 실시

(6) P.B.D 시공상태를 확인할 수 있도록 시공전에 타입 위치도를 작성하고 변조가 불가능한 자동기록장치를 사용하여 구역별, 번호별로 타입일시, 타입깊이, 타입량을 기록 관리

(7) 타설장비는 P.B.D가 손상되지 않도록 맨드렐식 타입장비 사용

(8) 자동기록장치의 기록이 실제 깊이와 10m 이하의 깊이에서 1.5% 이상, 10

~20m 깊이에서 2.0% 이상, 20m 이상에서 2.5% 이상의 오차가 있을 시에는 즉시 작업을 중단하고 자동기록장치를 교체하여야 함

(9) 타입은 지면에 대하여 수직으로 하여 배수 영역의 균등성을 확보하여야 하며, P.B.D타입이 2° 이상 기울지 않도록 관리

(10) 타입위치의 오차는 ±10cm로 하여 배수영역의 균등성을 확보하여야 하며, 허용오차를 벗어난 개소는 추가로 적정 위치에 재타입하여야 함

(11) P.B.D 상부절단 길이는 쇄석매트 바닥 면으로부터 30cm 이상 도출

(12) P.B.D 타입시 사용하는 선단슈는 지반교란(Smear Zone)을 최소화하기 위하여 10×15cm 이하의 것을 사용

(13) 앵커플레이트(선단슈)불량으로 개량깊이의 2.5% 이상으로 공상이 발생할 때에는 즉시 작업을 중단하고 공상 방지방안을 강구한 후에 재시공

(14) 사용 중 잔여길이를 연결할 때는 1공당 1회에 한하여 50cm 이상 포켓방식으로 겹치도록 하며, 포켓식 연결이 불가능할 경우 잔여길이는 버리도록 함

(15) 확장구간 내 기존 수로 있을 시 수로이설 후 연약지반 동시처리

사. 현장 주요 관리 사항

(1) P.B.D 자재 품질확인 철저
(2) 장비 반입시 장비 성능 및 자동기록장치 정밀도 확인
(3) 시험시공을 통한 시공심도 결정
(4) 지반조건에 적합한 선단슈 선정
(5) 선단슈 결정시 사업단 보고
(6) 설계심도와 시공심도의 과도한 차이 발생시 사업단 보고

Sand Compaction Pile (SCP) 공법

가. 개요

SCP공법은 직경 40cm의 케이싱을 관입/인발을 반복하여 지중에 직경 70cm 의 압축모래기둥을 형성하는 공법으로 압밀촉진 효과 및 치환효과에 의해 지 반강도를 증진 함

나. 재료 및 장비 구비 조건

(1) 모래 품질 기준

0.08mm체 통과량	D15	D85	투수계수
3% 이하	0.1~0.9mm	1~8mm	1×10^{-3}cm/sec

(2) 장비 구비 조건

케이싱의 관입심도 및 시간, 모래말뚝의 조성과 시간, 모래투입 높이, 타입횟 수, 사용다짐기의 에너지 등이 자동연속기록될 수 있는 자동기록 장치구비

다. 시험 시공

(1) 시험시공 방법

① 시험항타는 연약지반 전구간을 종방향 50m 간격으로 좌, 중, 우 3공씩 실시하여 적용

② 가급적 시추조사와 사운딩 등의 조사결과가 있는 지점을 선정

(2) 지반의 관입 특성

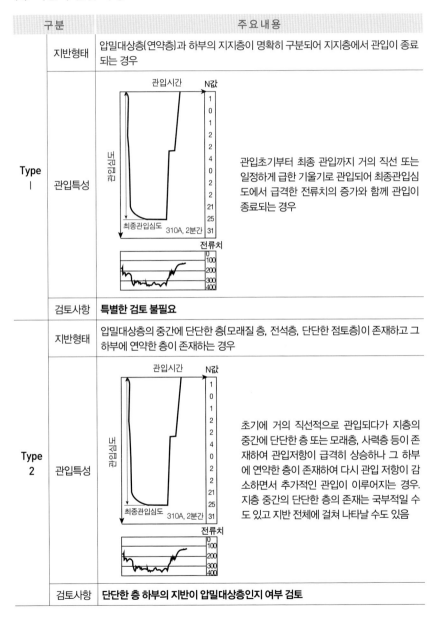

구분		주요내용
Type 1	지반형태	압밀대상층(연약층)과 하부의 지지층이 명확히 구분되어 지지층에서 관입이 종료되는 경우
	관입특성	관입초기부터 최종 관입까지 거의 직선 또는 일정하게 급한 기울기로 관입되어 최종관입심도에서 급격한 전류치의 증가와 함께 관입이 종료되는 경우
	검토사항	**특별한 검토 불필요**
Type 2	지반형태	압밀대상층의 중간에 단단한 층(모래질 층, 전석층, 단단한 점토층)이 존재하고 그 하부에 연약한 층이 존재하는 경우
	관입특성	초기에 거의 직선적으로 관입되다가 지층의 중간에 단단한 층 또는 모래층, 사력층 등이 존재하여 관입저항이 급격히 상승하나 그 하부에 연약한 층이 존재하여 다시 관입 저항이 감소하면서 추가적인 관입이 이루어지는 경우. 지층 중간의 단단한 층의 존재는 국부적일 수도 있고 지반 전체에 걸쳐 나타날 수도 있음
	검토사항	**단단한 층 하부의 지반이 압밀대상층인지 여부 검토**

구분		주요내용
Type 3	지반형태	심도가 깊어짐에 따라 분명한 지지층이 나타나지 않고 점점 단단한 층(**N값이 점진적으로 증가**)이 나타나는 경우
	관입특성	초기에 거의 직선적으로 관입이 진행되다가 토질에 따라 다를 수 있으나 N값이 증가함에 서서히 관입저항이 발생하고 이때 케이싱의 궤적은 기울기가 완만히 변하면서 계속해서 관입하게 되고 현 시방규정에 따라 관입할 경우, N값이 20 이상인 지반까지 관입하게 되는 경우. 이러한 경우에는 적정 관입심도를 결정하는 것이 매우 어려우며 주상도와 사운딩 결과 등을 참조하여 면밀히 검토
	검토사항	**어느 지층에서 관입을 종료하여야 할지 검토**

(3) 지반의 관입특성, 적정관입심도, 전류치 결정 방법

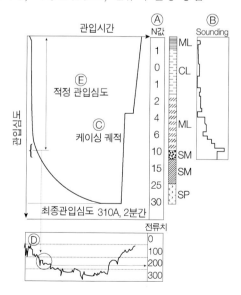

① 시추주상도(Ⓐ)나 사운딩 결과(Ⓑ) 등으로부터 해당 지점의 토질 특성
   Ⓔ과 지층 구성 특히 압밀대상층의 분포를 파악
② 기록지의 케이싱 궤적(Ⓒ)을 주의 깊게 살펴보고 궤적의 변곡점(Ⓔ)에
   유의하면서 주상도의 지층구성이나 토질조건과 일치하는지 확인. 단단
   한 층을 통과할 때의 케이싱 궤적은 완만한 곡선을 이루게 됨
③ 이때의 전류치의 변화(Ⓓ)를 살펴보고 변곡점 발생 지점과 전류치의 변
   화 위치를 비교 검토함. 지층의 변화나 토질의 변화가 있으며 케이싱 궤
   적의 변화와 함께 전류치에 급격한 변화가 발생
④ ①의 검토와 ②, ③의 결과가 잘 일치하면 압밀대상층이 충분히 처리
   되는 심도에서 전류치를 결정하고 이를 본 시공에서의 관리기준치로
   결정

라. 시공순서

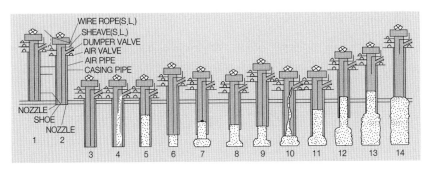

[SCP 시공순서]

(1) SCP를 시공하기 전에 공사장 주위에 기준점을 설치하고 이를 기준으로 시
   공 피치(pitch)에 맞도록 시공 위치를 표시
(2) 케이싱을 소정의 위치에 설치하고 선단부에 모래의 개폐장치를 채움
(3) 케이싱 두부에 장착한 진동기를 작동시켜 케이싱을 지중에 관입
(4) 소정의 깊이까지 관입한 후 모래를 타입하여 진동시키면서 케이싱 상하

모래마개를 밀어냄

(5) 케이싱을 진동시킨 채로 상하 움직이면서 Pile을 뽑아낸다. 이 틈새에 모래를 지중에 압입

(6) 케이싱을 지중에서 뽑아내고 SCP를 완성

마. 시공시 유의사항

(1) 장비조합 및 반입모래의 양과 품질, 장비 주행성 여부를 확인

(2) 기록장치(전류계, 사면계, 심도계)의 정상작동 여부 사전에 확인

(3) 본 시공 전에 감독원이 기록 장치함을 봉인하고 일 작업 종료 후 항타기록지를 감독원에게 제출

(4) 배공도에 따라 시공위치를 정확하게 표시하였는지를 확인하고 당일 작업이 종료된 이후에는 시공선을 분명히 표시

(5) 수시로 실제 관입심도와 기록지상의 심도를 비교하여 확인해야 하며, 모래투입량, 관리기준 전류치 준수 및 사주형성 여부 등을 확인

(6) 설계심도 이상 관입시 사업소 입회하에 시험항타 실시

(7) 케이싱 인발시 발생되는 점토 또는 슬라임이 쇄석매트에 혼입되지 않도록 반드시 제거

(8) 상부의 비교적 단단한 층에서 사주의 직경이 기준에 미달하는 경우가 종종 발생하므로 시공 중 약 1.5~2m까지 굴착하여 사주형성을 확인

(9) 8)항과 관련하여 샌드매트 상단에서 케이싱을 1회 더 관입 실시

(10) 시공 간격이 너무 좁거나, 하천 제방 부근, 기존 도로 부근에서 시공할 경우, 높은 치환율로 인해 지중매설물, 기존 구조물이 파손되거나 주변지반의 융기 등이 발생할 수 있으므로 사전에 반드시 지장물 조사를 실시

(11) 교대측방유동 대책으로 SCP공법을 적용할 경우에는 교대에서 가까운 교각의 기초 파일이 영향을 받을 수 있으므로 교각에서 가까운 구간부터 시공

(12) 케이싱 인발 및 재관입 기준

지층심도	케이싱 인발높이	케이싱 재관입 깊이	비 고
3m 이상	3.0m	2.0m	-
지표~3m	1.5m	1.0m	심도 0.5m에서 관입 및 인발 1회 추가 실시

【심도 3M 이상인 경우】　　　　【심도 3M 이하인 경우】

(13) 확장구간내 기존 수로 있을시 수로이설 후 연약지반 동시처리

(14) 설계심도와 시공심도의 과도한 차이 발생시 사업단 확인

사. 현장 주요 관리 사항

(1) 자동기록장치(심도계, 사면계, 전류계)의 정상작동 여부

(2) 시험시공을 통한 시공심도 결정

(3) 모래투입량 및 사주 형성 여부 확인

(4) 케이싱 인발 및 재관입 높이 확인

6. 계측기 설치 및 계측관리

계측기 설치위치 및 설치기준

계측기 설치위치와 수량은 지반조사결과 등을 바탕으로 지형적 조건과 목적물의 종류, 크기, 규모 등을 고려하여 매우 신중히 결정하여야 하며, 일반적으로 침하판은 100m 간격으로, 경사계 및 간극수압계, 지하수위계 등은 200m

간격으로 설치되는 것이 보통임

(1) 계측기 설치 위치
- 성토고가 높고 지반강도가 현저히 낮은 지점
- 대상지역 전체를 대표하는 지점
- 차량이나 장비로부터 보호 및 관리가 용이한 지점
- 전체 지반의 거동을 파악할 수 있는 적절한 간격과 충분한 수량

(2) 계측기 설치지점 중 '집중관리대상' 위치
- 성토고가 높은(H > 10m) 지점
- 연약층의 심도가 깊고 지반강도가 현저하게 낮은 지점
- 지형적 특성상 기반경사가 우려되는 지점
- 편절, 편성 성토 지점
- 하천 인접구간 등 특수한 조건에 있는 지점
- 시공관리상 소홀해지기 쉬운 취약지점

※ 집중관리대상에는 선정 이유를 명기하여 동태관측의 대상이 무엇인지
  정확히 파악하고 있어야 함

계측기 종류와 시공

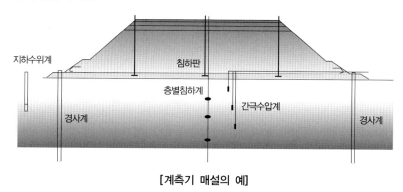

[계측기 매설의 예]

가. 계측기 설치 시기

계측기는 가능한 원지반 또는 샌드매트 포설후 설치하여야 하나 연직배수재의 시공으로 인해 설치가 불가능하거나 망실의 위험이 예상되는 경우에는 연직배수재 시공완료 후 설치하며 다음 사항을 준수하여야 함

(1) 모든 계측기는 성토 실시 이전에 설치되어야 함
(2) 연직배수공법 미적용 구간은 Sand Mat 포설 직후 계측기 매설을 완료하여야 함
(3) 연직배수공법 적용 구간에서도 배수재 시공 후 2주일을 경과하지 않는 것이 좋음
(4) 계측 시 설치 직후의 초기치를 감독원이 입회 확인 후에 계측이 실시되어야 함

나. 계측기의 종류

(1) 지표 침하판 및 층별 침하계

침하판 전경

침하판 계측장면

층별침하계 계측장면

(2) 경사계

경사계 Probe 및 Readouter

경사계 매설관경

경사계 보호관 설치

(3) 간극수압계

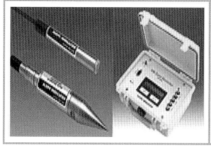

(4) 지하수위계

(5) 시공시 유의사항 및 보고사항

- 계측기 매설위치, 심도, 수량은 지반조사결과(실시설계 및 확인보링)를 근거로 일률적인 기준 간격보다는 연약층 심도와 성토고 등을 고려하여 합리적으로 조정
- 지표침하판과 경사계, 간극수압계는 반드시 그 설치지점을 일치시켜야 함
- 지하수위계는 도로편입용지 내에서 설치가 불가능할 경우, 인접 공유지를 최대한 활용
- IC구간은 선형과 평면을 고려하여 중복되거나 누락되지 않도록 합리적으로 조정

다. 계측빈도와 기간

계측 항목	계측 빈 도				비고
	성토중, 성토후 1개월 까지	성토후 1~3개월 까지	성토후 3개월 이후	준공후	
지반 침하량, 지중횡변위량 간극수압, 지하수위, 토압	2회/1주	1회/1주	1회/2주	1회/3개월	
기타항목	계측목적에 따라 조절				

주) 항목별 계측기 :
   지반 침하량 - 지반 침하판, 층별 침하계, 전단면 침하계, 수평경사계 등 연직변위 측정 계기
   지중횡변위량 - 수평변위계, 경사계, 변위말뚝 등 횡변위 측정 및 추정용 계기
   간극수압, 지하수위 - 간극수압계, 지하수위계, 스탠드파이프, 관측정 등 수위측정 계기
   토 압 - 토압계, 변형률계, 하중계 등 압력 및 응력 측정 계기

7. 토목섬유매트 포설(필요시)

토목 섬유 매트(P.E.T Mat) 품질기준

구 분	최대인장 변형률(%)	인장강도	수직투수계수 (cm/s)	봉합강도
폴리에스터매트 (P.E.T Mat)	30이하	인장변형률 10% 이내에서 설계강도가 발휘되어야 함	1×10^{-3} 이상	봉합직각방향 원단강도의 50% 이상

시공시 유의사항

가. PET 매트는 연약지반처리와 쇄석 Mat 포설이 완료된 후 깔게 되며 이때 충분한 여유폭을 두는 것이 좋고, 깔기 후에는 곧바로 성토를 실시하여 자외선 노출에 의한 열화나 물리적 손상을 방지하여야 함

나. 인장강도는 설계에 명시된 강도 이상 발휘되어야 하며 설계에 명시되지 않은 경우는 인장변형률 10% 이내에서 설계인장강도(계산시 사용한 인장력)가 발휘되어야 함

다. 매트를 현장에서 접합하여 연결할 때에는 최대인장방향(도로성토의 경우 도로 폭방향)과 평행하게 봉합(봉합강도는 봉합직각방향 원단강도의 50% 이상)하여야 함

라. 일반적으로 흙과 매트의 응력-변형률 관계가 상이하여 매트를 사전에 최대한 긴장하지 않거나 주름이 있을 경우에는 매트의 보강효과가 현저하게 감소하게 되므로 주의하여야 함

현장 주요 관리 사항

가. 자재 품질확인 철저

나. 봉합강도 및 봉합강도 확인

다. Mat 포설시 평탄성 확인

8. 단계성토 및 방치

연약지반 성토시 유의사항

가. 벌개제근후 배수측구 설치

나. 규준틀 및 토공포스트는 시방기준에 의거 설치

다. 단계성토용 토공포스트 설치

라. 성토시 횡단구배는 4%의 구배를 형성하여 노면배수를 원활히 하여야 함

마. 성토법면은 양질의 토사를 사용하여야하며 토사다이크, 가도수로를 일정 간격으로 설치하고 수시로 법면다짐 실시

바. 법면다짐은 마이티 팩을 사용하여 다짐 실시

사. 성토속도는 계측결과에 의거 관리

아. 단계성토가 완료되면 지반조사를 실시하여 강도증가를 확인하고 압밀도를 산정하여 규정된 압밀도 이상일 경우 다음 단계 성토 실시

자. 계측빈도에 의거 계측을 실시하고 계측결과에 의한 안정분석후 다음 단계 성토 실시

차. 성토법면은 최종 성토시 침하로 인해 정해진 구배를 만족하지 못하여 덧붙이기를 실시하는 경우가 많으므로 미리 이를 고려하여 <u>여성토 실시</u>

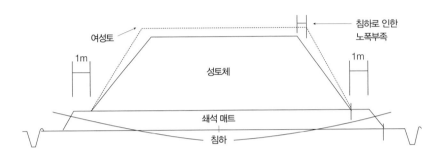

연약지반 암성토시 유의사항

가. 연약지반 구간 암성토는 가급적 지양하고 부득이한 경우 사업단 보고

나. 암성토시 암버럭의 최대치수는 30cm 이하로 하고, 가급적 20cm 이하로 소할하여야 함

다. 암성토 입도 기준

입경별구분	시방입도(%)	비고
300m/m	95 - 100	통과율
200m/m	60 - 95	"
100m/m	45 - 75	"
25m/m	20 - 43	"
NO. 4	0 - 15	"

라. 암성토시 성토 시공속도는 일반 토사성토시 시공속도와 달리 3~5cm/day 이하로 제한하여 급속한 성토하중으로 인한 성토체의 파괴를 방지

마. 발파암을 유용할 경우 발파현장 또는 별도 소할작업장에서 규정의 규격 및 시방입도에 맞도록 소할하여야 하며, 파쇄상태가 양호하여 대략 70% 이

상이 20cm 정도로 소할된 경우에 한하여 성토시공 현장으로 직접 운반 후 성토현장에서 소할하여 사용 가능

9. 연약지반 안정 및 침하관리

연약지반 안정관리

- 성토하중의 증가가 지반의 강도증가와 균형을 이루도록 성토속도를 조절하는 것
- 성토시 다음 표의 속도를 표준으로 해서 성토를 개시하고 계측결과 불안정할 경우 시공 중단 후 방치기간을 잡으며, 안정할 경우 성토속도를 상향 조정

토 질 상 태	성토속도(m/월)
두꺼운 점토지반 및 유기질토가 두껍게 퇴적된 이탄질 지반	0.9
보통의 점토질 지반	1.5
얇은 점토질 지반 및 유기질토가 거의 끼지 않은 얇은 이탄질 지반	3.0

연약지반의 성토에 대한 안정성 분석방법

가. 계측관리에 의한 방법(Tominaga-Hashimoto법, Matsuo-Kawamura법 등)

- 과거와 현재의 자료를 토대로 현장 계측을 통해 현재 진행 중인 공사의 안정성을 판단하고 다음 단계 진행 여부 판단

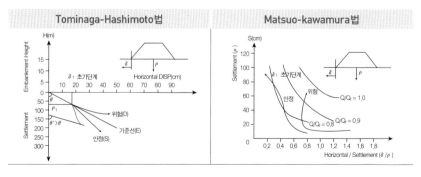

Tominaga-Hashimoto법	Matsuo-kawamura법
• ρ 와 δ 을 측정 Plot하여 관리하는 방법 • 성토하중이 적은 초기 단계의 δ 와 ρ 값에 의해 기준선(E선)을 표시하여 이 E선을 기준하여 안정성을 판단하는 방법	• 시공중의 측정치를 ρ - δ /ρ 도상에 Plot하여 파괴기준선에 근접하는지 멀어지는지에 따라 안정 여부를 판단하는 방법 • ρ / (δ /ρ) =0.85 초과시 요주의

연약지반 침하관리

- 연약지반공법 설계시 설계법에 대한 가정이나 복잡한 토질특성을 단순화하여 실시하기 때문에 설계치(예측치)와 실측치가 통상적으로 상이함
- 성토중의 침하량 측정치를 이용하여 실제적인 장래 침하량 및 잔류침하량을 예측하고, 선행하중의 재하기간과 제거시기를 결정하는 것(쌍곡선법 등)

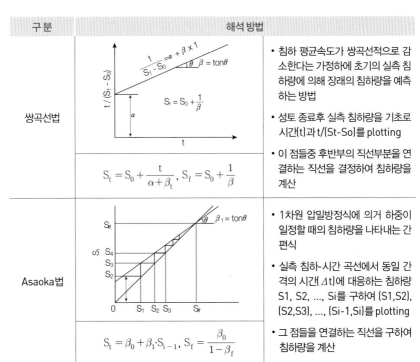

구분	해석 방법	
쌍곡선법	$\frac{1}{S_1 - S_0} = \alpha + \beta \times 1$ $\beta = \tan\theta$ $S_r = S_0 + \frac{1}{\beta}$ $$S_t = S_0 + \frac{t}{\alpha + \beta_t}, \ S_f = S_0 + \frac{1}{\beta}$$	• 침하 평균속도가 쌍곡선적으로 감소한다는 가정하에 초기의 실측 침하량에 의해 장래의 침하량을 예측하는 방법 • 성토 종료후 실측 침하량을 기초로 시간(t)과 t/(St-So)를 plotting • 이 점들중 후반부의 직선부분을 연결하는 직선을 결정하여 침하량을 계산
Asaoka법	$\beta_1 = \tan\theta$ $$S_t = \beta_0 + \beta_1 \cdot S_{i-1}, \ S_f = \frac{\beta_0}{1 - \beta_f}$$	• 1차원 압밀방정식에 의거 하중이 일정할 때의 침하량을 나타내는 간편식 • 실측 침하-시간 곡선에서 동일 간격의 시간(Δt)에 대응하는 침하량 S1, S2, ..., Si를 구하여 (S1,S2), (S2,S3), ..., (Si-1,Si)를 plotting • 그 점들을 연결하는 직선을 구하여 침하량을 계산

구분	해석 방법
Hoshino법	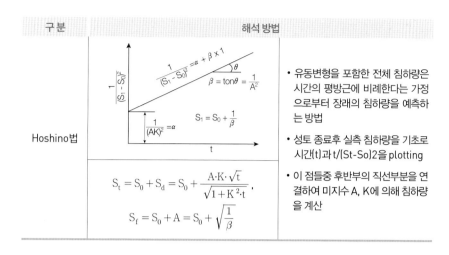 $$S_t = S_0 + S_d = S_0 + \frac{A \cdot K \cdot \sqrt{t}}{\sqrt{1 + K^2 \cdot t}},$$ $$S_f = S_0 + A = S_0 + \sqrt{\frac{1}{\beta}}$$	• 유동변형을 포함한 전체 침하량은 시간의 평방근에 비례한다는 가정으로부터 장래의 침하량을 예측하는 방법 • 성토 종료후 실측 침하량을 기초로 시간(t)과 t/(St-So)2을 plotting • 이 점들중 후반부의 직선부분을 연결하여 미지수 A, K에 의해 침하량을 계산

10. 과재 흙쌓기층 제거

제거 흐름도

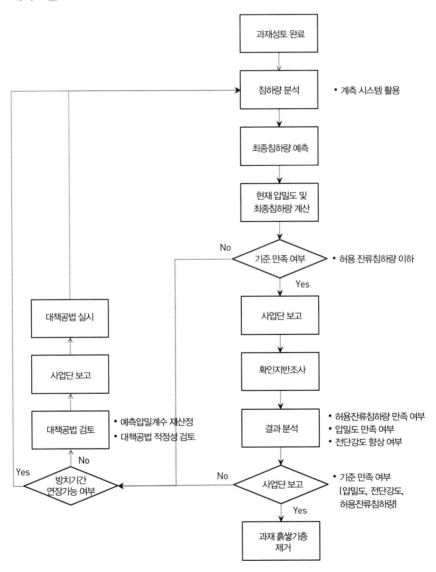

확인 지반 조사(한국지반공학회)

가. 현장시험

시험법	장점	단점	추천
정적 콘관입 시험 (CPT)	• 지층의 연속적인 분포와 포괄적인 특성 파악에 매우 유리 (세계적으로 연약지반 시공 관리에 널리 사용) • 지층 전 두께를 대상으로 조사가 가능하고 시험이 매우 신속함 • 과잉간극수압 소산시험이 가능하므로 압밀특성 평가 또는 투수성 분석에 활용 가능	• 암성토를 진행한 경우 콘관입 불가 (암성토 구간은 조사 예정 위치의 반경 5m 이내에 한하여 토사성토 실시 필요) • 시험장비가 대체로 고가임	★★ ★★
현장베인 전단시험 (FVT)	• 점성토의 원위치 비배수 강도 산정에 가장 적합한 시험법 (전동식 장비 사용 권장) • 시험 및 결과 분석 과정이 비교적 간단함	• 장비와 시험조건에 따라 결과의 편차가 크게 발생할 수 있으며, 산정한 비배수강도가 소성지수의 영향을 받음 • 별도의 시추공 굴착 필요 (또는 압입 장비 필요)	★★★
표준관입 시험 (SPT)	• 국내에서 보편화된 시험 • 비교적 신속하고 간단하게 수행할 수 있음 • 시험장비 확보가 쉬움	• 당초 사질토층을 대상으로 한 시험임으로, 점성토층에는 적합하지 않음 (비배수강도 산정의 신뢰성이 매우 낮음) • 별도의 시추공 굴착 필요 • 해머 에너지 효율 등 시험 영향 요인이 많음	★

나. 실내시험

시험법	방법	비고
삼축압축 시험	• 측압 σ_3을 가하고 상하압 σ_1을 증가시켜 압축전단 • σ_3를 변화시켜 파괴시의 σ_1을 구함	압밀비배수 조건(CU)

제거시 검토 사항

가. 허용잔류 침하량

(1) 계측에 의한 침하량 추정

- 침하예측법 장단점 비교(도로설계요령)

예측법	장점	단점	비고
쌍곡선법	• 비교적 객관성 있는 자료 분석 가능 • 예측가능시점도 빠르고 실측치와의 차이도 적음	• 경험적인 방법이며, 이론적으로 예측침하량이 20% 이상으로 과대평가됨	일반적으로 가장 많이 사용
Asaoka법	• 이론적으로 거의 완벽한 예측법	• 침하계측의 단위시간이 일정치 않을 경우 정확성 결여 • 수렴지점의 위치결정시 개인오차 발생	가능한 Δt를 크게 설정해야 함
Hoshino법	• 쌍곡선법에 비해 시간과 침하량 관계의 타당성이 높음	• 실제 실측된 자료와의 부합성은 쌍곡선법에 비해 낮음	초기지점의 선정에 따라 결과 차이가 심함

(2) 압밀이론에 의한 최종예상침하량 산정

Terzaghi 일차원 압밀이론식

$$S_c = \frac{C_c}{1+e} \times H \times \log \frac{P_o + \Delta P}{P_o}$$

- 산정방법
  - 침하량은 이론식의 log항의 크기에 비례하며 이때의 비례상수는 $C_c{}^*H/(1+e)$로 볼 수 있음
  - 계측을 통한 예측침하량으로부터 비례상수 $C_c{}^*H/(1+e)$ 산출 가능
  - 비례상수를 이론식에 대입하고, 이를 통해 P.L고(계획고+ 포장 및 교통하중고)에 해당하는 최종예상침하량 산정

(3) 허용잔류침하량 산정

- 산정방법

$$\textbf{허용잔류침하량} = 최종예상침하량 - 현재계측침하량$$

압밀도 계산

가. 최종예상침하량 산정에 따른 압밀도 계산

- 산정방법

$$압밀도\,(U\%) = \frac{현재\,침하량}{최종예상침하량}$$

전단강도 향상 여부

가. 활동에 대한 안정성 검토(확인시험 결과값 적용)

- 기준 안전율 : 공용후 안전율 적용(F.S > 1.3)

구 분	최소 안전율	참 조
공용후	F.S > 1.3	• 지하수위 원지반 지표 포화
시공중	F.S > 1.2	• 지하수위 원지반 지표 포화
지진시	F.S > 1.1	• 실제 측정된 원지반 지하수위
단 기	F.S > 1.0~1.1	• 1년 미만의 단기적인 비탈면의 안정성

- 상재하중
  - 활동에 대한 안정성 분석은 흙쌓기 하중뿐만 아니라 포장하중과 장비의

작업하중 또는 교통하중을 고려

– 교통하중은 13.0kN/m² 적용

- 안정해석 방법 : 원호활동해석

구 분	해석방법	참 조
예비 안정검토 1단계 한계쌓기고 검토	• 지지력 이론식 방법 및 원호활동방법	두 방법 중 작은 값 적용
단계쌓기 및 공용중 안정해석	• 원호활동해석	

건설현장 실무자를 위한
연약지반 기본이론 및 실무

초판인쇄 2013년 3월 8일
초판발행 2013년 3월 14일

저　　자 박태영, 정종홍, 김홍종, 이봉직, 백승철, 김낙영
펴 낸 이 김성배
펴 낸 곳 도서출판 씨·아이·알

책임편집 이정윤
디 자 인 송성용, 김숙경
제작책임 윤석진

등록번호 제2-3285호
등 록 일 2001년 3월 19일
주　　소 100-250 서울특별시 중구 예장동 1-151
전화번호 02-2275-8603(대표)　**팩스번호** 02-2275-8604
홈페이지 www.circom.co.kr

ISBN　978-89-97776-29-0　93530
정가　20,000원

여러분의 원고를 기다립니다.

도서출판 싸이아이알은 좋은 책을 만들기 위해 언제나 최선을 다하고 있습니다.

토목·환경·건축·불교·철학 분야의 좋은 원고를 집필하고 계시거나 기획하고 계신 분들, 그리고 소중한 외서를 소개해 주고 싶으신 분들은 언제든 도서출판 씨·아이·알로 연락 주시기 바랍니다.

도서출판 씨·아이·알의 문은 날마다 활짝 열려 있습니다.

**출판문의처: circom@chol.com,
02)2275-8603(내선 602, 603)**

≪도서출판 씨·아이·알의 도서소개≫

※ 문화체육관광부의 우수학술도서로 선정된 도서입니다.
† 대한민국학술원의 우수학술도서로 선정된 도서입니다.

토목

유목과 재해

코마츠 토시미츠 감수 / 야마모토 코우이치 편집 / 재단법인 하천환경관리재단 기획 / 한국시설안전공단 시설안전연구소 유지관리기술그룹 역 / 2013년 3월 / 304쪽(사륙배판) / 25,000원

이 책에서는 유목 발생원부터 사방, 댐, 하천 및 해안에 이르는 전체 유역을 대상으로 수목이 가지는 재해발생요인뿐만 아니라 하천환경기능에도 배려하면서 하천 종단방향에 대해 유목화현상, 퇴적·집적현상을 명확하게 분석하고, 유목재해 경감대책에 대해서도 함께 기술하였다.

철근콘크리트 역학 및 설계(3판)

윤영수 저 / 2013년 2월 / 624쪽(4*6배판) / 28,000원

콘크리트는 현대사회를 구축한 실체적인 뼈대로 우리 주변에서 가장 많이 부딪히는 과학의 산물이다. '철근콘크리트 역학 및 설계'의 근본적인 목적은 철근콘크리트 부재의 거동을 이해하고 예측하는데 필요한 개념, 그리고 철근콘크리트 구조물을 설계하기 위한 기본적인 개념들을 설명하는 데 있다. 이 책은 2012년에 개정된 콘크리트구조기준과 콘크리트 표준 시방서(2009)를 기준으로 삼고 있고, 표준용어와 SI 단위를 사용하고 있다. 이 책은 학부 강의를 위해 선별하여 사용할 수 있고, 대학원생과 실무 엔지니어들을 위해서 부분적으로 그 깊이를 달리하여 도움을 주고자 하였다.

Q&A 흙은 왜 무너지는가?

Nikkei Construction 편저 / 백용, 장범수, 박종호, 송평현, 최정집 역 / 2013년 2월 / 304쪽(4*6배판) / 30,000원

이 책은 건설현장에서 발생할 수 있는 실패 사례를 모아서 구성한 것이다. 공사 전에 안정을 예측하고 설계를 하였으나, 지반의 특수성으로 인하여 붕괴가 발생한 사례에 대하여 대책방안을 문답형식으로 게재하였다. 지반공학 분야 중 특히, 사면, 옹벽, 연약지반 처리 등으로 인해 발생하는 피해사례를 중심으로 구성하였기 때문에 건설 분야에 종사하는 분들에게 많은 도움이 될 것이다.

물환경의 시대 막을 이용한 물재생

(사)일본물환경학회 막을 이용한 수처리기술 연구위원회 저 / 양민수, 김상욱, 김완호, 강태우, 윤ോਸ਼식 역 / 204쪽(신국판) / 20,000원

우리가 살고 있는 이 시대는 물 순환형 사회이기 때문에, 수자원을 유효하게 이용하자는 의식이 널리 퍼져 있다. 그렇기 때문에 생활 폐수, 하수처리수, 수로 등의 친수용 물뿐만 아니라, 농촌지역 폐수처리시설, 축산 폐수처리시설, 공장 폐수처리시설, 세차 폐수처리시설, 침출수 처리시설 등에 막을 이용한 물재생 기술의 점진적인 증가가 예상된다. 이 책은 막 기술의 기초부터 적용 사례까지 이해하기 쉽게 설명하고 있다.

상상 그 이상, 조선시대 교량의 비밀

문지영 저 / 384쪽(신국판) / 23,000원

이 책에서는 교량을 단순한 통과·이동의 수단으로서만 다루지 않았다. 교량은 인간의 필요에 의해 인간이 만든 인공 구조물이기 때문에 원시자연에 인공의 요소가 가미된 개념인 '문화'의 속성을 이미 내포하고 있으며, 환경 가운데 시각적 존재감을 드러내고 있기 때문에 '경관구성요소'로서 역할을 한다. 이 책에서는 기술적 측면뿐만 아니라 문화·경관적 측면에서의 특징을 고루 갖추고 있는 '조선시대의 교량'을 대상으로, 다양한 측면에서 내용을 기술하고 있다.

인류와 지하공간

한국터널지하공간학회 저 / 368쪽(신국판) / 18,000원

이 책은 인류 역사의 흐름과 발전에 따라 지하공간이 어떻게 활용되었는지를 설명하고, 가까운 미래에 예상되는 지하공간의 활용 분야를 전망하였다. 총 4개의 부로 구성하여, 제1부인 '터널과 지하공간이란?'에서는 인류가 존재하면서부터 지하공간을 필연적으로 사용할 수밖에 없었던 이유와 배경을 소개하고, 제2부에서는 고대와 중세 사이에 이루어진 터널과 지하공간의 주요 활용 분야와 관련 사례들을 다루고 있다.

재킷공법 기술 매뉴얼

(재)연안개발기술연구센터 저 / 박우선, 안희도, 윤용직 역 / 372쪽(4*6배판) / 22,000원

이 책은 2000년 1월에 (재)연안기술연구센터에서 발간한 것으로 일본에서 시공한 호안과 잔교, 계류시설, 방파제, 이안제(離岸堤), 작업용 잔교 등에 대한 실적과 연구경험으로 토대로 체계적으로 잘 정리되어 있다. 항만 및 해양공학 입문자, 특히 설계자들에게 좋은 참고서가 될 것이다.

토목지질도 작성 매뉴얼

일본응용지질학회 저 / 서용석, 정교철 김광염 역 / 312쪽
(국배판) / 36,000원

이 책은 댐, 터널, 지하공간, 굴착, 기초, 원자력발전소 등과
같은 지반구조물의 시공을 위한 지질도는 물론 산사태, 자연
재해, 수문 등과 같은 환경 관련 지질도의 작성방법을 실제
작성된 도면을 이용하여 설명하고 있다.

관리형 폐기물 매립호안 설계시공관리 매뉴얼(개정판)

(재)항만공간고도화 환경연구센터(WAVE) 저 / 권오순·오
명학·채광석 역 / 안희도 감수 / 240쪽(4*6배판) /
20,000원

이 책은 일본에서 해상 폐기물처분장을 건설 및 운영하
면서 지금까지 축적된 기술적인 내용을 담고 있다. 육상
폐기물처분장과의 기술적인 차이점과 기존의 항만구조
물 설계 및 시공 기술과의 차이점을 비롯하여 해상폐기
물처분장의 설계·시공·관리에 이르는 전체 분야에 대
한 기술들이 상세히 정리되어 있다.

엑셀을 이용한 수치계산 입문

카와무라 테츠야 저 / 황승현 역 / 352쪽(신국판) /
23,000원

이 책은 수치계산법의 기초부분이 거의 포함되어 있으며, 특
히 접근이 쉽고 사용하기 편리한 엑셀 VBA로 프로그래밍이
되어 있으며, 바로 사용할 수 있도록 다양한 수치계산법을
구사한 고정밀도·고속의 프로그래밍을 제공한다.

강구조설계(5판 개정판)

William T. Segui 저 / 백성용, 권영봉, 배두병, 최광규
역 / 728쪽(4*6배판) / 32,000원

이 책은 강구조물의 하중저항계수설계법 및 허용응력설계법
의 기본개념을 쉽게 이해가 되도록 명확하게 설명하고 있다.
또한 이론적인 배경 및 응용에 대한 제반 사항을 폭넓게 기술
하고 있기 때문에 공과대학의 토목, 건축 관련학과 학부학생
들의 교재로 적합하다.

지반기술자를 위한 지질 및 암반공학 III

(사)한국지반공학회 저 / 824쪽(4*6배판) / 38,000원

이 책은 지질 및 암반분야를 소개하고, 관련 업무에 활용할
수 있도록 조사설계시공에 대해 설명하고 있다. 지질 및 암
분공학을 기초와 이론편 그리고 실제와 응용편으로 나누어
기초이론과 다양한 적용사례를 들어 제시하고 있다.

수처리기술

쿠리타공업(주) 저 / 고인준, 안창진, 원홍연, 박종호, 강태
우, 박종문, 양민수 역 / 176쪽(신국판) / 16,000원

기후변동은 많은 지역을 건조화시켜 물 부족 현상을 일으키
고 있다. 따라서 인류는 생존을 위해 먼저 수자원 확보에 치
중해야 하는 현실에 직면해 있다. 이 책은 물 순환 시스템에
있어 물의 이용과 배출에 따른 처리기술뿐만 아니라, 처리과
정에서 분리된 성분의 회수자원화에 대해 설명하고 있다.

엑셀을 이용한 구조역학 공식예제집

IT환경기술연구회 저 / 다나카 슈조 감수 / 황승현 역 / 344

쪽(신국판) / 23,000원

이 책은 보·라멘·아치 등의 구조에 대해서 다양한 하중·지지
조건의 예를 들어, 그 '반력', '단면력', '처짐', '처짐각' 등의
공식뿐만 아니라 범용성 있는 엑셀 프로그램에 의해 해답을
얻을 수 있도록 구성되어 있다. 실무자나 학생 등 누구나 쉽
게 사용이 가능하며, 계산과정은 엑셀의 VBA로 프로그램이
되어 있어 응용의 폭을 넓힌 것이 특징이다.

풍력발전설비 지지구조물 설계지침·동해설 2010년판

일본토목학회구조공학위원회 풍력발전설비 동적해석/구조
설계 소위원회 저 / 송명관, 양민수, 박도현, 전종호 역 /
장경호, 윤영화 감수 / 808쪽(사륙배판) / 48,000원

막 태동하는 풍력산업과 관련한 풍력발전기 지지구조물 관련
기술서적이 국내에는 전무하다. 국내에서도 이러한 기술 서
적이 출간되기 위해서는 막대하고 장기적인 연구비와 연구인
력들의 집중적인 투자가 필요할 것이다. 이러한 현재 상황에
서 이 책은 이웃한 일본의 선진 기술을 소개하고 있어, 국내
토목기술자들이 관련 기술을 습득하는 데에 도움을 줄 것이다.

엑셀을 이용한 토목공학 입문

IT환경기술연구회 저 / 다나카 슈조 감수 / 황승현 역 / 220
쪽(신국판) / 18,000원

이 책은 구조역학·지반·수리·측량·시공관리 등 토목의 다양
한 분야에 대한 기초지식과 더불어 엑셀 프로그램을 제공하
여 토목에 입문하는 학생은 물론이고 실무자들도 유용하게
사용할 수 있도록 구성되어 있다.

엑셀을 이용한 지반재료의 시험조사 입문

이시다 테츠로 편저 / 다츠이 도시미, 나카가와 유키히로,
다나나카 히로시, 히다노 마사히데 저 / 황승현 역 / 342쪽
(신국판) / 23,000원

이 책은 지반재료시험이나 지반조사법을 지반공학의 내용과
관련지어 시험의 목적, 시험순서와 결과정리를 위한 계산식
을 상세히 설명하여 누구나 쉽게 시험업무를 수행할 수 있도
록 하였다. 또한 시험결과를 엑셀의 데이터시트에 깔끔하게
양식화 그림화하여 제공하고 있기 때문에 데이터 정리에 소
비하는 시간을 단축시킬 뿐만 아니라, 컴퓨터상에서 즐기면
서 경험을 축적할 수 있다.

토사유출현상과 토사재해대책

타카하시 타모츠 저 / 한국시설안전공단 시설안전연구소 유
지관리기술그룹 역 / 480쪽(4*6배판) / 28,000원

본서에서는 토사유출 시스템의 구성, 그 과정의 현상과 평가,
시스템 시뮬레이션 및 시스템 관리에 대해서 논의하고 있다.

해상풍력발전 기술 매뉴얼

(재)연안개발기술연구센터 저 / 박우선, 이광수, 정신택, 강
금석 역 / 안희도 감수 / 282쪽(4*6배판) / 18,000원

이 책은 (재) 연안개발기술연구센터와 민간기업이 공동으로
항만, 연안지역에 있어서의 풍력발전시스템에 관한 공법의
기술개발 및 그 보급을 목적으로 수행한 연구의 결과물로,
해상풍력발전의 고정식 기초설계과정에 대해서 체계적으로
잘 정리되어 있다.